高危行业农民工安全生产培训丛书

建筑施工企业农民工安全生产常识（第2版）

主　编　刘松涛

副主编　高东旭

中国劳动社会保障出版社

图书在版编目(CIP)数据

建筑施工企业农民工安全生产常识/刘松涛主编. —2版. —北京：中国劳动社会保障出版社，2014

(高危行业农民工安全生产培训丛书)

ISBN 978-7-5167-1094-4

Ⅰ.①建… Ⅱ.①刘… Ⅲ.①建筑施工企业-安全生产-技术培训-教材 Ⅳ.①TU714

中国版本图书馆 CIP 数据核字(2014)第 106095 号

中国劳动社会保障出版社出版发行

(北京市惠新东街1号 邮政编码：100029)

*

三河市华骏印务包装有限公司印刷装订 新华书店经销

880 毫米×1230 毫米 32 开本 8.875 印张 159 千字

2014 年 6 月第 2 版 2014 年 6 月第 1 次印刷

定价：25.00 元

读者服务部电话：(010) 64929211/64921644/84643933

发行部电话：(010) 64961894

出版社网址：http://www.class.com.cn

内 容 简 介

本书内容包括矿山安全生产法律法规、安全生产常识、建筑施工现场临时用电安全常识、高处作业安全常识、施工现场消防安全常识、建筑施工常见作业工种安全常识、施工现场事故应急常识，共七章。

本书叙述简明扼要，内容通俗易懂、注重实践，并配有事故案例。本书可作为建筑施工企业农民工安全生产培训教材，也可供建筑施工企业从事安全生产工作的有关人员参考。

前　言

农民工是我国改革开放和工业化、城镇化进程中涌现出的一支新型劳动大军，是推动我国社会经济发展的重要力量。目前，全国进城务工和在工矿商贸等企业就业的农民工总数超过2亿人，其中进城务工人员为1.2亿人左右。农民工为我国农村发展、城市繁荣和现代化建设做出了重要贡献，已成为产业工人的重要组成部分。

与此同时，农民工在生产劳动中的安全保障问题也越来越突出。据资料统计，企业中发生的生产安全伤亡事故，80%以上发生在农民工比较集中的中小企业；全国重特大伤亡事故与职业病新发生病例，基本上发生在农民工比较集中的煤矿、金属非金属矿山、建筑施工、危险化学品、烟花爆竹等高危行业。造成这些问题的重要原因之一，是企业安全生产培训主体责任不落实，对农民工的安全培训不到位，农民工的整体安全意识淡薄，缺乏必要的安全知识和自我防范能力。因此，强化农民工的安全意识，提高农民工的安全知识水平，加强对职业危害性较大的高危行业农民工的安全教育培训，已成为当前保护农民工根本利益和促进安全生产形势稳定好转的一项紧迫任务。

本套丛书涵盖了煤矿、金属非金属矿山、建筑施工、危险化学品、烟花爆竹、建筑施工等高危行业，本着少而精、实用、管用的原则，以增强农民工安全生产意识、掌握安全生产常识和现场操作技能为重点编写。主要内容包括：安全生产法律法规，安全生产基本常识，安全生产操作规程，从业人员安全生产的权利和义务，事故案例分析，工作环境及危险因素分析，危险源和隐患源辨识，个人防险、避灾、自救方法，事故现场紧急疏散和应急处置，安全设施和个人劳动防护用品的使用和维护，职业病防治等。针对农民工的认知水平和特点，教材编写在内容上深入浅出，语言上通俗易懂，形式上图文并茂，以安全生产常识培训教育为主，既可用于培训机构进行培训和教学，也便于农民工理解和自学。

安全生产、劳动保护事关劳动者的身体健康和生命安全，是农民工最基本的劳动权利。我们衷心祝愿广大的农民工兄弟，通过本套丛书的学习培训，进一步提高自身安全素质，在生产劳动中努力做到“不伤害自己，不伤害他人，不被他人所伤害”。同时也希望各生产经营单位，严格按照有关法律法规的规定，认真落实安全生产、安全培训的主体责任，保障安全生产，实现企业的可持续发展。

丛书编写组

2014 年 4 月

目　录

第一章　安全生产法律法规常识

建设工程的安全生产关系到人民群众的生命和财产安全，关系到社会稳定和国民经济持续健康发展。建筑作业人员既是安全生产保护的对象，又是实现建设工程安全生产的基本要素。人是最宝贵、最活跃的生产力，作业人员是各项施工最直接的劳动者，是各项安全生产法律权利和义务的承担者。作业人员能否安全、熟练地操作各种施工工具或者作业，能否得到人身安全和健康的切实保障，能否严格遵守安全规程和安全生产规章制度，往往决定了一个企业的安全生产水平。

法律法规对作业人员在安全生产方面的权利和义务作了明确规定，这些规定必须严格遵守。侵犯作业人员在安全生产方面的权利的，作业人员不履行保证安全生产的法定义务的，都属违法行为，将受到法律的追究。

第一节　我国安全生产法律法规体系

我国党和人民政府长期以来一直关注安全生产工作，先后制定了一系列涉及安全生产的法律法规，以宪法为依据，各个层面的法律法规和规章制度以及技术标准都有专业涉及，特别是《中华人民共和国安全生产法》出台后，安全生产法制建设进入了突飞猛进的发展轨道，安全生产法律法规体系初步完善。

一、我国的安全生产方针

《中华人民共和国安全生产法》（以下简称《安全生产法》）在总结我国安全生产管理经验的基础上，将“安全第一，预防为主”规定为我国安全生产工作的基本方针。党和国家坚持以科学发展观为指导，从经济和社会发展的全局出发，不断深化对安全生产规律的认识，在十六届五中全会上，提出了“安全第一，预防为主，综合治理”的安全生产方针。同时，在《国务院关于进一步加强企业安全生产工作的通知》（国发〔2010〕23 号）中强调，坚持“安全第一，预防为主，综合治理”的方针，全面加强企业安全管理，健全规章制度，完善安全标准，提高企业技术水平，夯实安全生产基础。

“安全第一”，就是在生产经营活动中，在处理保证安全与生产经营活动的关系上，要始终把安全放在首要位置，优先考虑从业人员和其他人员的人身安全，实行“安全优先”的原则。在确保安全的前提下，努力实现生产的其他目标。

“预防为主”，就是按照系统化、科学化的管理思想，按照事故发生的规律和特点，千方百计预防事故的发生，做到防患于未然，将事故消灭在萌芽状态。虽然人类在生产活动中还不可能完全杜绝事故的发生，但只要思想重视，预防措施得当，事故是可以减少的。

“综合治理”，就是标本兼治，重在治本，在采取断然措施遏制重特大事故，实现治标的同时，积极探索和实施治本之策，综合运用科技手段、法律手段、经济手段和必要的行政手段，从发展规划、行业管理、安全投入、科技进步、经济政策、教育培训、安全立法、激励约束、企业管理、监管体制、社会监督以及追究事故责任、查处违法违纪等方面着手，解决影响、制约我国安全生产的历史性、深层次问题，做到思想认识上警钟长鸣，制度保证上严密有效，技术支撑上坚强有力，监督检查上严格细致，事故处理上严肃认真。

二、我国的安全生产法律法规体系

目前，我国的安全生产法律法规已初步形成一个以宪法为依据，以《安全生产法》为主体，由有关法律、行政法规、地方法规和行政规章、技术标准所组成的综合体系。

1. 宪法

《中华人民共和国宪法》（以下简称《宪法》）是国家法律体系的基础和核心，确定了国家制度、社会制度和公民的基本权利和义务，具有最高法律效力，是其他法律的立法依据和基础。宪法是安全生产法律体系框架的最高层次。《宪法》规定："国家通过各种途径，创造劳动就业条件，加强劳动保护，改善劳动条件，并在发展生产的基础上，提高劳动报酬和福利待遇。"这是对安全生产方面最高法律效力的规定。

2. 安全生产法律

狭义地讲，我国法律是指全国人民代表大会及其常务委员会按照法定程序制定的规范性文件，其法律地位和效力仅次于宪法，是行政法规、地方法规、行政规章的立法依据和基础。全国人民代表大会及其常委会作出的具有规范性的决议、决定、规定、办法等，也属于国家法律范畴。

法律是安全生产法律体系中的上位法，居于整个体系的最高层级。国家现行的有关安全生产法律分为：

（1）基础法。基础法是指《安全生产法》和与它平行的专门法律和相关法律。《安全生产法》是综合规范安全生产法律制度的法律，它适用于所有生产经营单位，是我国安全生产法律体系的核心。

（2）专门法律。专门安全生产法律是规范某一专业领域安全生产法律制度的法律。如《中华人民共和国矿山安全法》《中华人民共和国消防法》《中华人民共和国交通安全法》《特种设备安全法》等。

（3）相关法律。与安全生产相关的法律是指安全生产专门法律之外的其他涵盖有安全生产内容的法律，如《中华人民共和国劳动法》《中华人民共和国劳动合同法》等。

3. 安全生产法规

安全生产法规分为行政法规和地方性法规。

（1）安全生产行政法规。安全生产行政法规是国务院组织制定并批准公布的，是为了实施安全生产法律或规范安全生产监督管理制度而制定并颁布的一系列具体规定，是实施安全生产监督管理和监察工作的重要依据。安全生产行政法规的法律地位和法律效力低于有关安全生产的法律，高于地方性安全生产法规、地方政府安全生产规章等下位法。国家现有的安全生产行政法规有《国务院关于特大安全事故行政责任追究的规定》《安全生产许可证条例》《生产安全事故报告和调查处理条例》《工伤保险条例》和《建设工程安全生产管理条例》等。

（2）地方性安全生产法规。地方性安全生产法规是指由有立法权的地方权力机关人民代表大会及其常务委员会和地方政府制定的安全生产规范性文件，是由法律授权制定的对国家安全生产法律、法规的补充和完善，具有较强的针对性和可操作性。地方性安全生产法规的法律地位和法律效力低于有关安全生产的法律、行政法规，高于地方政府安全生产规章。经济特区安全生产法规和民族自治地方安全生产法规的法律地位和法律效力与地方性安全生产法规相同。安全生产地方性法规有《北京市安全生产条例》《天津市安全生产条例》和《浙江省安全生产条例》等。

4. 安全生产规章

安全生产规章分为部门安全生产规章和地方政府安全生产规章。安全生产规章作为安全生产法律、法规的重要补充，在我国安全生产监督管理工作中起着十分重要的作用。

（1）部门安全生产规章。国务院有关部门依照安全生产法律、行政法规的规定或者国务院的授权制定发布的安全生产规章的法律地位和法律效力低于法律、行政法规，高于地方政府规章，如《建筑施工企业安全生产许可证管理规定》（建设部令第 128 号）等。

（2）地方政府安全生产规章。地方政府安全生产规章是最低层级的安全生产立法，其法律地位和法律效力低于其他上位法，不得与上位法相抵触。例如《北京市建设工程施工现场管理办法》（北京市人民政府令第 72 号）等。

5. 安全生产技术标准

技术标准是指规定强制执行的产品特性或其相关工艺和生产方法的文件，以及规定适用于产品、工艺或生产方法的专门术语、符号、包装、标志或标签要求的文件。在我国技术标准由标准主管部门以标准、规范、规程等形式颁布，也属于法规范畴。技术标准分为国家标准（GB)、行业标准、地方标准(DB)、企业标准（QB）四个等级。国家标准、行业标准分为强制性标准和推荐性标准。保障人体健康，人身、财产安全的标准和法律、行政法规规定强制执行的标准是强制性标准，其他标准是推荐性标准。

(1) 国家标准。安全生产国家标准是指国家标准化行政主管部门依照《标准化法》制定的在全国范围内适用的安全生产技术规范，由国务院标准化行政主管部门制定、发布。强制性标准代号为“GB”，推荐性标准代号为“GB/T”。国家标准的编号由国家标准代号、国家标准发布顺序号及国家标准发布的年号组成。例如《起重机械安全规程》(GB 6067—2010)、《高处作业分级》(GB/T 3608—2008) 等。

(2) 行业标准。安全生产行业标准是指国务院有关部门和直属机构依照《标准化法》制定的在安全生产领域内适用的安全生产技术规范。行业安全生产标准对同一安全生产事项的技术要求，可以高于国家安全生产标准但不得与其相抵触。例如《企业安全生产标准化基本规范》(AQ-T 9006-2010)、《建筑施工高处作业安全技术规范》(JGJ 80-91) 等。

(3) 地方标准。地方标准又称为区域标准，对没有国家标准和行业标准而又需要在辖区内统一的产品的安全、卫生要求，可以制定地方标准。地方标准由省、自治区、直辖市标准化行政主管部门制定，并报国务院标准化行政主管部门和国务院有关行政主管部门备案。

(4) 企业标准。企业标准是对企业范围内需要协调、统一的技术要求、管理要求和工作要求所制定的标准。企业标准由企业制定，由企业法人代表或法人代表授权的主管领导批准、发布。

第二节　作业人员的安全生产法律权利

作业人员既是施工活动的直接承担者，又是安全生产事故的受害者或责任者。只有高度重视和充分发挥作业人员在施工中的主观能动性，最大限度地提高作业人员的安全素质，才能把不安全因素和事故隐患降到最低限度，预防事故，减少人身伤亡。

一、有关安全生产的知情权

安全生产的知情权包括获得安全生产教育和技能培训的权利，被如实告知作业场所和工作岗位存在的危险因素、防范措施及事故应急措施的权利。

建筑施工现场存在许许多多危险因素，直接接触这些危险因素的作业人员往往是安全生产事故的直接受害者。许多生产事故致使作业人员伤亡严重的原因之一，就是作业人员不了解作业场所存在的危险因素以及掌握发生事故时应当采取的应急措施。如果作业人员知道并且掌握有关安全知识和处理办法，就可以消除许多不安全因素和事故隐患，避免事故发生或者减少人身伤亡。所以，《安全生产法》规定，生产经营单位的作业人员有权了解其作业场所和工作岗位存在的危险因素及事故应急措施。要保证作业人员这项权利的行使，生产经营单位就有义务事先告知有关危险因素和事故应急措施。否则，生产经营单位就侵犯了作业人员的权利，并对由此产生的后果承担相应的法律责任。

二、获得符合国家行业标准的劳动防护用具的权利

《建设工程安全生产管理条例》要求施工单位应当向作业人员提供安全防护用具和安全防护服装。

向作业人员提供安全防护用具和安全防护服装是施工单位的一项法定义务。

安全防护用具是指在施工作业过程中能够对作业人员的人身起保护作用，使作业人员免遭或减轻各种人身伤害或职业危害的用品。安全防护用具包括：

(1) 安全防护用品，包括安全帽、安全带、安全网、安全绳及其他个人防护用品等；

(2) 安全防护设施，包括各种“临边、洞口”的防护用具等；

(3) 电气产品，包括手持电动工具、木工机具、钢筋机械、振动机具、漏电保护器、电闸箱、电缆、电器开关、插座及电工元器件等；

(4) 架设机具，包括用竹、木、钢等材料组成的各类脚手架及其零部件、登高设施、简易起重吊装机具等。

安全防护服装主要包括：工作服、防滑鞋、绝缘鞋、绝缘手套等。

施工单位应当安排专项经费，专门用于配备安全防护用具和安全防护服装，并不得挪作他用。

施工单位购置的安全防护用具和防护服装必须符合国家标准或行业标准。

三、有对安全生产问题提出批评、建议的权利

作业人员对建筑施工现场安全生产情况尤其是安全管理中的问题和事故隐患最了解、最熟悉，具有他人不能替代的作用。只有依靠他们并且赋予必要的安全生产监督权和自我保护权，才能做到预防为主，防患于未然，才能保障他们的人身安全和健康。关注安全，就是关爱生命，关心企业。一些建筑施工企业的主要负责人不重视安全生产，对安全问题熟视无睹，不听取作业人员的正确意见和建议，使本来可以发现、及时处理的事故隐患不断扩大，导致事故和人员伤亡；有的竟然对批评、检举、控告安全生产问题的作业人员进行打击报复。

《安全生产法》针对某些生产经营单位存在的不重视甚至剥夺作业人员对安全管理监督权利的问题，规定作业人员有权对本单位的安全生产工作提出建议；有权对本单位安全生产工作中存在的问题提出批评、检举、控告。生产单位不得因此作出对作业人员不利的处分。

四、有对违章指挥的拒绝权

在施工现场中经常出现企业负责人或者管理人员违章指挥和强令作业人员冒险作业的现象，由此导致事故，造成人员大量伤亡。因此，法律赋予作业人员拒绝违章指挥和强令冒险作业的权利，不仅是为了保护作业人员的人身安全，也是为了警示生产经营单位负责人和管理人员必须照章指挥，保证安全，并不得因作业人员拒绝违章指挥和强令冒险作业而对其进行打击报复。

五、有采取紧急避险措施的权利

由于施工现场危险因素的存在不可避免，经常会在施工作业过程中发生一些意外的或者人为的直接危及作业人员人身安全的危险情况，将会或者可能会对作业人员造成人身伤害。比如脚手架、模板坍塌等紧急情况并且无法避免时，最大限度地保护现场作业人员的生命安全是第一位的，法律赋予他们享有停止作业和紧急撤离的权利。《安全生产法》规定：“作业人员发现直接危及人身安全的紧急情况时，有权停止作业或者在采取可能的应急措施后撤离作业场所。生产经营单位不得因作业人员在前款紧急情况下停止作业或者采取紧急撤离措施而降低其工资、福利等待遇或者解除与其订立的劳动合同。”作业人员在行使这项权利的时候，必须明确三点：一是危及作业人员人身安全的紧急情况必须有确实可靠的直接根据（凭借个人猜测或者误判而实际并不属于危及人身安全的紧急情况除外），该项权利不能滥用。二是紧急情况必须直接危及人身安全，间接或者可能危及人身安全的情况不应撤离，而应采取有效处理措施。三是出现危及人身安全的紧急情况时，首先是停止作业，然后要采取可能的应急措施；采取应急措施无效时，再撤离作业场所。

六、医疗救治和获得工伤保险赔付的权利

建筑行业属于高风险行业，为了保护建筑业作业人员的合法权益，应降低安全生产事故风险，增强施工单位预防和控制生产安全事故的能力，促进安全生产。近几年来我国的法律法规都规定了发生安全生产事故后，作业人员有获得及时抢救、医疗救治、工伤保险赔付和意外伤害保险的权利。

1. 工伤保险

工伤保险的主要任务是保障因工作遭受事故伤害、患职业病的职工获得医疗救治、职业康复和经济补偿。从广义上讲，它是生产经营单位安全生产的事后保障。参加工伤保险后，作业人员可以安心工作，遵守规章制度，从而保障生产经营单位的安全生产。

《安全生产法》规定：生产经营单位必须依法参加工伤社会保险，为作业人员缴纳保险费。生产经营单位与作业人员订

立的劳动合同，应当载明有关保障作业人员劳动安全、防止职业危害的事项，以及依法为作业人员办理工伤社会保险的事项。生产经营单位不得以任何形式与作业人员订立协议，免除或者减轻其对作业人员因生产安全事故伤亡依法应当承担的责任。因生产安全事故受到损害的人员，除依法享有获得工伤社会保险外，依照有关民事法律尚有获得赔偿的权利的，有权向本单位提出赔偿要求。

（1）作业人员依法享有工伤保险和伤亡求偿的权利。法律规定这项权利必须以劳动合同必要条款的书面形式加以确认。没有依法载明或者免除或者减轻生产经营单位对作业人员因生产安全事故伤亡依法应承担的责任的，是一种非法行为，应当承担相应的法律责任。

（2）依法为作业人员缴纳工伤社会保险费和给予民事赔偿，是生产经营单位的法律义务。生产经营单位不得以任何形式免除该项义务，不得变相以抵押金、担保金等名义强制作业人员缴纳工伤社会保险费。

（3）发生生产安全事故后，作业人员首先依照劳动合同和工伤社会保险合同的约定，享有相应的赔付金。如果工伤保险金不足以补偿受害者的人身损害及经济损失的，依照有关民事法律应当给予赔偿的，作业人员或其亲属有要求生产经营单位给予赔偿的权利，生产经营单位必须履行相应的赔偿义务。否则，受害者或其亲属有向人民法院起诉和申请强制执行的权利。

（4）作业人员获得工伤社会保险赔付和民事赔偿的金额标准、领取和支付程序，必须符合法律、法规和国家的有关规定。作业人员和生产经营单位均不得自行确定标准，不得非法提高或者降低标准。

我国的《工伤保险条例》强调工伤保险是法定的强制保险，保障工伤职工的救治权与经济补偿权。对工伤职工在遭受事故伤害或者患职业病以后，首先的权利是要得到及时、有效的抢救。在这方面所发生的运输、住院、检查诊断、治疗等费用，都要得到足额的保障，使受伤职工的伤害程度尽快得到有效的控制。其次，等到职工的病情稳定以后，便要按照法定的程序进行评残，确定伤残的等级，以便安排相应的一次性的和长期性的经济补偿。

2. 意外伤害保险

《中华人民共和国建筑法》（以下简称《建筑法》）规定：建筑施工企业必须为从事危险作业的职工办理意外伤害保险，支付保险费。

《建设工程安全生产管理条例》规定：施工单位应当为施工现场从事危险作业的人员办理意外伤害保险。该项保险是施工单位必须办理的，以维护施工现场从事危险作业人员的利益。

施工现场从事危险作业的人员是指在高处、临边洞口、基坑作业，以及操作电气、机械、起重吊装等作业的人员。

3. 工伤保险与人身意外伤害保险的关系

工伤保险属于社会保险中的一种，而人身意外伤害保险属于商业保险的范畴。因此，工伤保险与人身意外伤害保险的关系，实质上是社会保险与商业保险的关系。

一个人如果既参加了工伤保险又购买了人身意外伤害保险，那么，其发生工伤后，除了按照条例规定享受相应的工伤保险待遇外，还可以根据与商业保险公司保险合同中的约定，享受相应的意外伤害保险待遇。

第三节　作业人员的安全生产法律义务

一、遵章守纪，服从管理，不违章作业

《安全生产法》规定：作业人员在作业过程中，应当严格遵守本单位的安全生产规章制度和操作规程，服从管理。《建设工程安全生产管理条例》规定：作业人员应当遵守安全施工的强制性标准、规章制度和操作规程，正确使用安全防护用具、机械设备等。根据这些法律、法规和规章的规定，施工企业必须制定本单位安全生产的规章制度和操作规程。作业人员必须严格依照这些规章制度和操作规程进行生产作业。安全生产规章制度和操作规程是作业人员从事施工作业，确保安全的

具体规范和依据。从这个意义上说，遵守规章制度和操作规程，实际上就是依法进行安全生产。事实表明，作业人员违反规章制度和操作规程，是导致生产事故的主要原因。违反规章制度和操作规程，必然发生生产事故。依照法律规定，施工企业的作业人员不服从管理，违反安全生产规章制度和操作规程的，由施工企业批评教育，依照有关规章制度给予处分；造成重大事故，构成犯罪的，依照刑法有关规定追究刑事责任。

工程建设强制性标准是保证建设工程结构安全和施工安全的最基本要求，违反强制性标准，必然会给建设工程带来重大结构安全隐患和施工安全隐患。施工单位的安全生产规章制度和安全操作规程是针对本单位实际情况制定的，对保护作业人员的安全施工具有很强的针对性和可操作性。作业人员应当遵守安全施工强制性标准、本单位的安全生产规章制度和操作规程，这是其在安全生产方面的一项基本任务。

二、接受安全生产教育和培训，掌握安全生产知识，提高安全生产技能

安全生产教育和培训是为了使作业人员掌握安全生产知识，提高安全生产技能，增强事故预防及应急处理能力，自觉地贯彻执行“安全第一，预防为主，综合治理”的方针政策和安全生产法律、法规，遵守安全生产规章制度和操作规程。

作业人员应当通过安全生产教育和培训，掌握本职工作所

需要的安全生产知识，提高安全生产技能。同时应当掌握事故发生的客观规律，增强事故预防和应急处理能力。通过教育培训和自身学习，作业人员必须掌握以下内容：

1. 具备必要的安全生产知识

首先是有关安全生产的法律法规知识。法律法规中有很多有关安全生产的内容，这些内容是多年安全生产工作经验的总结，是企业搞好安全生产的工作指南和行为规范，作业人员必须了解和掌握这些内容。其次是有关生产过程中的安全知识。作业人员作为施工的具体作业者和操作者，必须掌握与生产有关的安全知识，只有这样，才能保障施工安全生产，保障作业人员本身的生命安全和健康。再次是有关事故应急救援和逃离知识，在作业人员受到生命威胁的紧急情况下，要立即停止作业，采取应急措施后撤离危险作业场所到安全地方。事故发生后，作业人员要及时报告有关负责人，尽可能利用现场条件，采取措施，避免事故扩大，减少人员伤亡。在条件允许的条件下，要积极组织人员逃离。在这些过程中，从保护作业人员人身安全和健康考虑，作业人员应当了解掌握有关事故应急救援和逃离知识。

2. 熟悉有关安全生产规章制度和操作规程

为加强安全生产监督管理，国务院有关部门制定了一系列安全生产的规章制度，主要是以部门令的形式和规范性文件发布。地方政府也根据本地区的实际，制定了一些有关安全生产的规章制度，有地方性法规和政府部门规章等。对这些规章制度，作业人员应当了解和掌握，做到心中有数。同时，生产经营单位根据国家有关安全生产的法律、法规及规章制度，结合本单位的实际，制定了许多本单位的安全生产规章制度和操作规程。这些规章制度和操作规程是安全生产法律法规的具体化，是作业人员工作的准则、行动的指南，具有较强的可操作性，作业人员应当逐条逐字掌握，熟悉其内容。事实证明，很多事故发生都是由于作业人员违章作业，领导违章指挥、强令冒险作业造成的。因此，作业人员应当认真学习，加强安全教育和培训，通过学习教育和培训，使作业人员熟悉有关安全生产规章制度和操作规程。只有这样，才能按章办事，避免和减少事故的发生。

3．掌握本岗位的安全操作技能

施工现场是一个复杂的系统工程，它由许许多多的单元组成，每个单元就是一个工作岗位。如果每个工作岗位安全了，那么整个施工现场也就安全了。因此，工作岗位的安全生产，是整个施工现场安全生产的基础。只有保证每个工作岗位的安全，才能确保施工企业的安全生产。施工企业要加强岗位安全生产教育和培训，使作业人员熟练掌握本岗位的安全操作规程、作业规程，提高安全操作技能，降低每个岗位的事故发生率。要坚决将未接受安全教育、安全操作技能差的岗位人员，从岗位上撤下来。要制定有关措施，鼓励岗位作业人员开展各种比赛，提高安全操作水平。

三、发现事故隐患及时报告

作业人员直接进行施工作业，他们是事故隐患和不安全因素的第一当事人。许多重大、特大生产事故是由于作业人员在作业现场发现事故隐患和不安全因素后，没有及时报告，以至延误了采取措施进行紧急处理的时机。如果作业人员尽职尽责，及时发现并报告事故隐患和不安全因素，许多事故能够得到及时报告并得到有效处理，完全可以避免事故发生和降低事故损失。所以，发现事故隐患并及时报告是贯彻预防为主的方针，加强事前防范的重要措施。为此，《安全生产法》规定：作业人员发现事故隐患或者其他不安全因素，应当立即向现场安全生产管理人员或者本单位负责人报告；接到报告的人员应当及时予以处理。这就要求作业人员必须具有高度的责任心，防微杜渐，防患于未然，及时发现事故隐患和不安全因素，预防事故发生。

四、作业人员应当正确佩戴和使用劳动防护用具

正确佩戴和使用劳动防护用具是作业人员必须履行的法定义务，这是保障作业人员人身安全和施工企业安全生产的需要。作业人员不履行该项义务而造成人身伤害的，生产经营单位不承担法律责任。

作业人员必须履行遵章守规、服从管理、接受培训、提高安全技能，及时发现、处理和报告事故隐患和不安全因素等法定义务及其法律责任。如果作业人员能够切实履行这些法定义务，逐步提高自身的安全素质，提高安全生产技能，就能及时有效地避免和消除大量的事故隐患，掌握安全生产的主动权。

习题

1. 简述我国的安全生产法律法规体系。
2. 作业人员的安全生产权利有哪些？
3. 作业人员的安全生产义务有哪些？

第二章　安全生产常用术语知识

安全生产是科学、是技术，生产事故是可以预防的。作为生产一线的广大从业人员，必须了解安全生产技术，掌握本岗位的事故预防本领，增强事故应急处理能力，从而规避风险，进而实现安全生产。保护自身的生命和集体财产安全，就需要能够辨识事故发展规律，而不是单纯的服从管理，靠法律法规强行约束，从“要我安全”到“我要安全”转变。

在安全生产教育培训和平时的学习、阅读中，从业人员会遇到一些常用的安全生产术语，这些术语经常出现在法律法规、规章制度、操作规程与标准和培训教材中。从业人员应该熟知这些术语的含义与内容，以帮助更好地学习安全生产技术与知识。

一、安全

安全是指免遭不可接受危险的伤害。

生产过程中的安全，又称为生产安全，是指不发生工伤事故、职业病、设备损失的状态。工程中的安全，是用概率表示近似的客观量，用于衡量安全的程度。

二、危险

危险是指易于受到损害或伤害的一种状态，它是指系统中存在导致发生不期望后果的可能性超过了人们的接受程度。

危险性是指对系统危险程度的客观描述，它用危险概率和危险严重度来表示这一危险可能导致的损失。

长期以来，人们一直把安全和危险看作截然不同的、相对独立的概念。系统安全包含许多创新的安全新概念：认为世界上没有绝对安全的事物，任何事物中都包含有不安全的因素，具有一定的危险性。其中，危险概率是指发生危险的可能性，危险严重度是指对危害造成的最坏结果的定性评价。安全则是一个相对的概念，它是一种模糊数学的概念。危险性是对安全性的隶属度；当危险性低于某种程度时，人们就认为是安全的。

三、危险因素

能对人造成伤亡或对物造成突发性损害的因素。

四、有害因素

能影响人的身体健康导致疾病，或对物造成慢性损害的因素。

五、危险源

危险源是指可能造成人员伤害、疾病、财产损失、作业环境破坏或其他损失的根源或状态。

六、风险

风险是危险、危害事故发生的可能性与危险、危害事故严重程度的综合度量。风险是描述系统危险程度的客观量，又称为风险度或危险性。衡量风险大小的指标是风险率（R），它等于事故发生的概率（P）与事故损失严重程度（S）的乘积：

$$R=PS$$

由于概率值难以取得，常用频率代替概率，此时上式可表示为：

$$风险率=\frac{事故次数}{单位时间}\times\frac{事故损失}{事故次数}=\frac{事故损失}{单位时间}$$

单位时间是指系统的运行周期，可以是一年或几年；事故损失可以表示为死亡人数、事故次数、损失工作日数或经济损失等；风险率是二者之商，可以定量表示为百万工时死亡事故率、百万工时总事故率等，对于财产损失可以表示为千人经济损失率等。

七、事故

事故是指造成人员死亡、伤害、职业病、财产损失或其他损失的意外事件。

八、事故隐患

事故隐患是指生产系统中可导致事故发生的人的不安全行为、物的不安全状态和管理上的缺陷。

事故隐患分为一般事故隐患和重大事故隐患。

一般事故隐患是指危害和整改难度较小，发现后能够立即整改排除的隐患。

重大事故隐患是指危害和整改难度较大，应当全部或者局部停产停业，并经过一定时间整改、治理方能排除的隐患，或者因外部因素影响致使生产经营单位自身难以排除的隐患。

九、本质安全

本质安全是指设备、设施或技术工艺含有内在的、能够从根本上防止发生事故的功能。具体包括两方面的内容：

1. 失误——安全功能

指操作者即使操作失误，也不会发生事故或伤害，或者说设备、设施和技术工艺本身具有自动防止人的不安全行为的功能。

2. 故障——安全功能

指设备、设施或技术工艺发生故障或损坏时，还能暂时维持正常工作或自动转变为安全状态。

上述两种安全功能应该是设备、设施和技术工艺本身固有的，即在他们的规划设计阶段就被纳入其中，而不是事后补偿的。

本质安全是安全生产预防为主的根本体现，也是安全生产管理的最高境界。实际上，由于技术、资金和人们对事故的认识等原因，目前还很难做到本质安全，只能作为全社会为之奋斗的目标。

十、预警

预警是指在事故发生前进行预先警告，即对将来可能发生的危险进行事先的预报，提醒相关当事人注意。

十一、应急救援

应急救援是指在发生事故时，采取的消除、减少事故危害和防止事故恶化，最大限度地降低事故损失的措施。

十二、预案

预案是指根据预测危险源、危险目标可能发生事故的类别、危害程度，而制定的事故应急救援方案。

十三、安全生产责任制

安全生产责任制是根据我国的安全生产方针“安全第一，

预防为主，综合治理”和安全生产法规以及“管生产的同时必须管安全”这一原则，建立的各级领导、职能部门、工程技术人员、岗位操作人员在劳动生产过程中对安全生产层层负责的制度，是将以上所列的各级负责人员、各职能部门及其工作人员和各岗位生产人员在安全生产方面应做的事情和应负的责任加以明确规定的一种制度。

岗位工人对本岗位的安全生产负直接责任。岗位工人要接受安全生产教育和培训，遵守有关安全生产规章和安全操作规程，不违章作业，遵守劳动纪律。特种作业人员必须接受专门的培训，经考试合格取得操作资格证书的，方可上岗作业。

十四、安全生产规章制度

安全生产规章制度是指：施工单位根据有关安全生产的法律、法规以及有关国家标准或者行业标准，结合本单位的实际情况制定的安全生产方面的具体制度和要求。

十五、安全操作规程

安全操作规程是指：为保障安全生产，对操作的具体技术要求和实施程序所作出的统一规定。

十六、工程建设强制性标准

工程建设强制性标准是指：在工程建设过程中，直接涉及人民生命财产安全、人身健康、环境保护和其他公众利益的现行国家和行业标准。

十七、安全检查

安全生产检查是指对生产过程及安全管理中可能存在的隐患、有害与危险因素、缺陷等进行查证，以确定隐患或有害与危险因素、缺陷的存在状态，以及它们转化为事故的条件，以便制定整改措施，消除隐患和有害与危险因素，确保生产安全。

安全生产检查是安全管理工作的重要内容，是消除隐患、防止事故发生、改善劳动条件的重要手段。通过安全生产检查可以发现生产经营单位生产过程中的危险因素，以便有计划地制定纠正措施，保证生产安全。

安全生产检查的类型包括定期安全生产检查、经常性安全生产检查、季节性及假日前安全生产检查、专业（项）安全生产检查、综合性安全生产检查、不定期的职工代表巡视安全生产检查等。

十八、三级安全教育

所谓三级安全教育，是指对新工人（新进厂的合同工、临时工、学习和代培人员，脱岗 6 个月又重新上岗的职工）必须进行的公司级教育、项目级教育和班组级教育。

施工企业新进场的工人，必须接受公司、项目、班组的三级安全教育培训，经考核合格后，方可上岗，公司培训教育的时间不少于15学时，项目培训教育的时间不少于15学时，班组培训教育的时间不少于20学时。

1. 公司级要进行安全基本知识法规、法制教育的主要内容

（1）党和国家的安全生产方针、政策；

（2）安全生产法规、标准和法制观念；

（3）本单位施工过程和安全生产制度、安全纪律；

（4）本单位安全生产形势及历史上发生的重大事故及应吸取的教训；

（5）发生事故后如何抢救伤员、排险、保护现场和及时进行报告。

2. 项目级要进行现场规章制度和遵守纪律教育的主要内容

（1）本单位施工特点及施工安全基本知识；

（2）本单位（包括施工、街道现场）安全生产制度、规定及安全注意事项；

（3）本工种安全技术操作规程；

（4）高处作业、机械设备、电气安全基础知识；

（5）防火、防毒、防尘、防爆知识及紧急情况安全处置和安全疏散知识；

(6) 防护用品发放标准及使用基本知识。

3. 班组级要进行本工种安全操作及班组安全制度、纪律教育的主要内容

(1) 本班组作业特点及安全操作规程;

(2) 班组安全活动制度及纪律;

(3) 爱护和正确使用安全防护装置(设施)及个人劳动防护用品;

(4) 本岗位易发生事故的不安全因素及防范对策;

(5) 本岗位作业环境使用的机械设备、工具的安全要求。

十九、“三违”与强令冒险作业

所谓“三违”是指:违章指挥、违章作业、违反劳动纪律。

1. 违章指挥

违章指挥是指施工单位有关管理人员违反国家关于安全生产的法律、法规和有关安全规程、规章制度的规定,对作业人员具体的生产活动进行指挥,强令工人冒险作业;指挥工人在安全防护设施、设备上有缺陷的条件下仍然冒险作业,违章作业而不制止。

2. 违章作业

违章作业是指职工在劳动过程中违反有关的法规、标准、规章制度、操作规程,盲目蛮干,冒险作业的行为。如不遵守

施工现场安全制度，进入施工现场不戴安全帽，高处作业不系安全带，不正确使用个人防护用品，擅自动用机电设备或拆改挪动设施、设备，随意攀爬脚手架等。

3. 违反劳动纪律

违反劳动纪律是指不遵守企业的各项劳动纪律，迟到、早退、脱岗、工作期间干私活、打架斗殴、嬉闹等。如不坚守岗位，乱串岗等。

4. 强令冒险作业

强令冒险作业是指施工单位有关管理人员明知开始或者继续作业会有重大危险，仍然强迫作业人员进行作业的行为。

二十、“三宝”

所谓“三宝”是指：建筑施工防护使用的安全网、个人防护佩戴的安全帽和安全带。坚持正确使用、佩戴，可减少操作人员的伤亡事故，因此称为“三宝”。

进入施工现场必须正确佩戴安全帽；高处作业必须正确系挂安全带；建筑物必须采用符合国家标准要求的密目式安全网实施封闭，外脚手架内必须按规定设置安全平网。

二十一、“四口”

所谓“四口”是指：楼梯口、电梯井口（包括垃圾口）、预留洞口、通道口。有人比喻这些是张着的老虎嘴。多数事故就是在这“四口”发生的。

二十二、“五临边”

所谓“五临边”是指：深度超过 2 m 的槽、坑、沟的周边；无外脚手架的屋面与楼层的周边；分层施工的楼梯口的梯段边；井字架、龙门架、外用电梯和脚手架与建筑物的通道和上下跑道、斜道的两侧边：尚未安装栏杆或栏板的阳台、料台、挑平台的周边。

二十三、“三不伤害”

所谓“三不伤害”是指：在生产作业中不伤害自己、不伤害他人、不被别人伤害。

首先，确保自己不违章，其次保证不伤害到自己，最后不去伤害到别人。要做到不被别人伤害，这就要求作业人员要有良好的自我保护意识，及时制止违章。制止违章既保护了自己，也保护其他人。

二十四、“五大伤害”

所谓“五大伤害”是指：建筑工地上最常出现的高处坠落、物体打击、触电伤害、机械伤害和坍塌伤害五类安全事故。

1. 高处坠落

高处坠落是指在高处作业中发生坠落造成的伤亡事故。

高处坠落是建筑业的主要事故，如施工中从平台、陡壁、楼梯口、电梯口、垃圾口、预留洞口、漏斗、建筑物主入口及脚手架、阳台、楼层、屋顶、天棚、框架周边、跑道两侧边发生的坠落事故。高处坠落不包括以其他事故类别作为诱发条件的坠落事故，如高处作业时因触电引起的坠落，不属于高处坠落，应划为触电事故。

2. 物体打击

物体打击是指物体在受重力或其他外力的作用下产生运动，打击人体造成的人身伤害的事故。伤亡事故统计中的物体打击一般是指：

（1）物体在重力作用下，倾斜、断裂、倒塌时的下落物、飞溅物造成的伤害。如电杆、塔架、树木等倒塌、崖石塌落造成的伤害。

（2）自由落体造成的伤害。如高处作业人员在作业时碰落物体、工具，建筑施工时从高处掉下的砖、瓦、脚手板和杆，高处人员抛掷落下物体等造成的伤害。

（3）失控物体惯性力造成的伤害。作业时离柄的斧头、锤头，抛掷、接收物体不当造成的伤害等。

（4）物体在弹性力作用下造成的伤害。如森林伐木作业中的“回头棒”，钢箍、钢丝绳、紧固圈、弹簧、木棍、竹竿、铁管、钢板、木板等反弹和锚桩被拔时反弹造成的伤害等。

（5）非失控（受控）物体的伤害。如人工打钎、打铁时大锤碰（砸）人体，木工钉钉、凿眼时斧子（锤子）砸着自身或对别人造成的伤害等。

(6) 喷射物造成打击的伤害。如石油、天然气开采中的井喷，输气、输水（液）管道损坏发生喷射等造成的伤害等。

上述伤害都属于物体打击。但有些情况的打击伤害不属于物体打击，应分别列入其他事故类型。常见的有：

(1) 因机械设备有缺陷或操作不当造成物体失控飞出伤人的事故，不属于物体打击。如砂轮机因没有防护罩或不符合要求，操作者操作方法不当，砂轮及碎片飞出伤人；机床开动时因夹固不牢，加工件飞出伤人；其他转动设备运转时飞出的物体伤人等，均属于机械伤害。

(2) 起重机械有缺陷或因超负荷运行等原因造成折臂、倒架、落物等而伤及人体的，应属于起重伤害。

(3) 车辆、起重机械或其他运动机械撞击物体或车轮碾压物体造成物体坍塌、滚动和飞溅而伤人的事故，应分别属于车辆伤害、起重伤害和机械伤害等。

3. 触电伤害

触电是指由于电流通过人体或带电体与人体间发生放电而造成的人身伤害。

触电伤害可分为电击和电伤两类。电击是电流流经人体，由于电流的热效应、化学效应、生理效应对人体造成的伤害。电伤是指由于电流的热效应造成人体皮肤局部创伤，有电灼伤、电烙印和皮肤金属化等。

触电伤害方式有单相触电、两相触电、跨步电压触电、接触触电及非接触触电（即当人体与带电体之间小于放电距离而发生击穿放电，电弧使人体造成严重灼伤）以及雷电造成的人体伤害。

4. 机械伤害

机械伤害是指机械设备与工具、加工件直接与人体接触引起的碰撞、夹击、剪切、绞、辗、卷入、割、戳、刺入等伤害。

机械设备一般包括钢筋机械设备（切断机、除锈机、调直机、弯曲机等）、木工机械（带锯、圆锯、平刨、压刨、木工车床等）、搅拌机、卷扬机、打夯机等及炊事机械（和面机、绞肉机等）。

机械设备造成人体伤害主要可分为运动部件造成的伤害和静止部件造成的伤害。

容易造成伤害的运动部件有：

(1) 旋转的部件，如轴、凸块、孔、连接器、芯轴、卡盘、刀具、夹具、风扇、飞轮及工件等；

(2) 旋转部件和成切线运动部件间咬合处、传动带轮、传动带、链轮、链条、齿轮、齿条等；

(3) 旋转部件的咬合处，如齿轮；

(4) 旋转和固定部分之间的咬合处，如搅拌机与外壳；

(5) 往复或滑动部分，如剪切刀刃、带锯锯齿等；

(6) 旋转与滑动部分之间，如木工刨、压刨刀刃等。

(7) 由于机械运转而飞出的刀具、夹具、部件、切屑、工件及未取下的工具，以及运转着的工件打击或绞轧等。

可能造成伤害的静止部件有：

静止的切削刀具与刃具，凸出的机械部分，毛坯、设备边缘和粗糙表面以及引起滑跌坠落的工作台等。

机械伤害一般多为轻伤，也有重伤甚至死亡的，但死亡较少。一般来讲，机械伤害容易预防，采取措施容易取得效果。

车辆、起重设备虽然也属机械设备，但因它们具有特殊性，在事故统计中已单独列出事故类别。因此，车辆伤害和起重伤害事故在统计时不能列入机械伤害。

5. 坍塌事故

坍塌事故是指物体在外力或重力作用下，超过自身极限强度或因结构稳定性破坏而造成的事故。坍塌是指土石塌方，模板、脚手架坍塌，拆除工程施工中的坍塌等，不是指由于起重机械、车辆作用而造成的倒塌。

由于坍塌落物自重大、作用范围大，往往伤害人员多，后果严重，常形成重大伤亡事故。

二十五、“四不放过”

安全生产事故后，调查和处理必须坚持“四不放过”。所谓四不放过是指：事故原因没有查清不放过；事故责任者没有严肃处理不放过；广大职工没有受到教育不放过；防范措施没有落实不放过。

二十六、特种作业

特种作业人员上岗前，必须进行专门的安全技术和操作技能的教育培训，增强其安全生产意识，获得证书后方可上岗。特种作业人员的培训实行全国统一培训大纲、统一考核教材、统一证件的制度。根据《建筑施工特种作业人员管理规定》(建质〔2008〕75 号)，建筑施工特种作业包括：建筑电工、建筑架子工、建筑起重信号司索工、建筑起重机械司机、建筑起重机械安装拆卸工、高处作业吊篮安装拆卸工、经省级以上人民政府建设主管部门认定的其他特种作业。

建筑施工特种作业人员必须经建设主管部门考核合格，取得建筑施工特种作业人员操作资格证书（以下简称资格证书)，方可上岗从事相应作业。建筑施工特种作业人员的考核内容包括安全技术理论和实际操作，资格证书应当采用国务院建设主管部门规定的统一样式，由考核发证机关编号后签发。资格证书在全国通用，持有资格证书的人员，应当受聘于建筑施工企业或者建筑起重机械出租单位，方可从事相应的特种作业。用人单位对于首次取得资格证书的人员，应当在其正式上岗前安排不少于 3 个月的实习操作。建筑施工特种作业人员应当参加年度安全教育培训或者继续教育，每年不得少于 24 小时。

建筑施工特种作业人员是指在房屋建筑和市政工程施工活动中，从事可能对本人、他人及周围设备设施的安全造成重大危害作业的人员。建筑施工特种作业人员必须经建设主管部门考核合格，取得建筑施工特种作业人员操作资格证书，方可上岗从事相应作业。

二十七、劳动防护用品

劳动防护用品是指由生产经营单位为从业人员配备的，使其在劳动过程中免遭或者减轻事故伤害及职业危害的个人防护装备。

1. 劳动防护用品的分类

(1) 按照用途以及防护部位，劳动防护用品可以分成以下种类：

1) 以防止伤亡事故为目的的防护用品，包括：

防坠落用品，如安全带、安全网等；

防冲击用品，如安全帽、防冲击护目镜等；

防触电用品，如绝缘服、绝缘鞋、等电位工作服等；

防机械外伤用品，如防刺、割、绞碾、磨损用的防护服、鞋、手套等；

防酸碱用品，如耐酸碱手套、防护服和靴等；

耐油用品，如耐油防护服、鞋和靴等；

防水用品，如胶制工作服、雨衣、雨鞋和雨靴、防水保险手套等；

防寒用品，如防寒服、鞋、帽、手套等。

2）以预防职业病为目的的防护用品，包括：

防尘用品，如防尘口罩、防尘服等；

防毒用品，如防毒面具、防毒服等；

防放射性用品，如防放射性服、铅玻璃眼镜等；

防热辐射用品，如隔热防护服、防辐射隔热面罩、电焊手套、有机防护眼镜等；

防噪声用品，如耳塞、耳罩、耳帽等。

3）以人体防护部位分类，包括：

头部防护用品，如防护帽、安全帽、防寒帽、防昆虫帽等；

呼吸器官防护用品，如防尘口罩（面罩）、防毒口罩（面罩）等；

眼面部防护用品，如焊接护目镜、炉窑护目镜、防冲击护目镜等；

手部防护用品，如一般防护手套、各种特殊防护（防水、防寒、防高温、防振）手套、绝缘手套等；

足部防护用品，如防尘、防水、防油、防滑、防高温、防酸碱、防振鞋（靴）及电绝缘鞋（靴）等；

躯干防护用品，通常称为防护服，如一般防护服、防水服、防寒服、防油服、防电磁辐射服、隔热服、防酸碱服等。

(2) 劳动防护用品还可以分为特种劳动防护用品与一般劳动防护用品。特种劳动防护用品是指使劳动者在劳动过程中预防或减轻严重伤害和职业危害的劳动防护用品，一般劳动防护用品是指除特种劳动防护用品以外的护品。

2. 使用劳动防护用品的注意事项

在工作场所必须按照要求佩戴和使用劳动防护用品。劳动防护用品是根据生产工作的实际需要发给个人的，每个职工在生产工作中都要好好地应用，以达到预防事故、保障个人安全的目的。使用劳动防护用品要注意的问题有：

(1) 选择防护用品应针对防护目的，正确选择符合要求的用品，绝不能错选或将就使用，以免发生事故。

(2) 对使用防护用品的人员应进行教育和培训，使其能充分了解使用目的和意义，并正确使用。对于结构和使用方法较为复杂的用品，如呼吸防护器，应进行反复训练，使人员能熟练使用。用于紧急救灾的呼吸器，要定期严格检验，并妥善存放在可能发生事故的地点附近，方便取用。

(3) 要妥善维护保养防护用品，不但能延长其使用期限，更重要的是要保证用品的防护效果。耳塞、口罩、面罩等用后应用肥皂、清水洗净，并用药液消毒、晾干。过滤式呼吸防护器的滤料要定期更换，以防失效。防止皮肤污染的工作服用后应集中清洗。

(4) 防护用品应有专人管理，负责维护保养，保证劳动防护用品充分发挥其作用。

3. 建筑施工劳动防护用品的配备与管理

根据《建筑施工人员个人劳动保护用品使用管理暂行规定》(建质〔2007〕255 号)，建筑施工个人劳动保护用品，是指在建筑施工现场，从事建筑施工活动的人员使用的安全帽、安全带以及安全（绝缘）鞋、防护眼镜、防护手套、防尘(毒) 口罩等个人劳动保护用品。劳动保护用品的发放和管理，坚持“谁用工，谁负责”的原则。施工作业人员所在企业必须按国家规定免费发放劳动保护用品，更换已损坏或已到使用期限的劳动保护用品，不得收取或变相收取任何费用。

劳动保护用品必须以实物形式发放，不得以货币或其他物品替代。企业采购、个人使用的安全帽、安全带及其他劳动防护用品等，必须符合《安全帽》(GB 2811)、《安全带》(GB 6095)及其他劳动保护用品相关国家标准的要求。企业、施工作业人员，不得采购和使用无安全标记或不符合国家相关标准要求的劳动保护用品。

二十八、安全标志

建筑施工现场环境复杂，安全标志具有举足轻重的作用，适时适地悬挂适用的安全标志，使作业人员增强了安全意识，时刻敲响安全警钟，对预防建筑施工可能发生的安全事故起到积极的重要作用。

1. 安全色

所谓安全色，是指用以传递安全信息含义的颜色，包括红、蓝、黄、绿四种颜色。

(1) 红色。用以传递禁止、停止、危险或者提示消防设备、设施的信息，如禁止标志等。

(2) 蓝色。用以传递必须遵守规定的指令性信息，如指令标志等。

(3) 黄色。用以传递注意、警告的信息，警告标志等。

(4) 绿色。用以传递安全的提示信息，如提示标志、车间内或工地内的安全通道等。

安全色普遍适用于公共场所、生产经营单位和交通运输、建筑、仓储等行业以及消防等领域所使用的信号和标志的表面颜色。但是不适用于灯光信号和航海、内河航运以及其他目的而使用的颜色。

2. 安全标志

安全标志是由安全色、几何图形和图形符号构成的，是用来表达特定安全信息的标记，分为禁止标志、警告标志、指令标志和提示标志四类。

(1) 禁止标志

禁止标志的含义是禁止人们的不安全行为。例如：

禁止吸烟　禁止跨越　禁止饮用

（2）警告标志

警告标志的含义是提醒人们对周围环境引起注意，以避免可能发生的危险。例如：

注意安全　当心火灾　当心触电

（3）指令标志

指令标志的含义是强制人们必须作出某种动作或采取防范措施。例如：

必须戴防尘口罩　必须系安全带　必须戴安全帽

（4）提示标志

提示标志的含义是向人们提供某种信息（如标明安全设施或场所等）。例如：

紧急出口

避险处

可动火区

安全标志一般设在醒目的地方，人们看到后有足够的时间来注意它所表示的内容。不能设在门、窗、架子等可移动的物体上，因为这些物体位置移动后安全标志就起不到作用了。

对比色使用时，黑色用于安全标志的文字、图形符号和警告标志的几何图形；白色作为安全标志红、蓝、绿色的背景色，也可用于安全标志的文字和图形符号；红色和白色、黄色和黑色间隔条纹，是两种较醒目的标示；红色与白色交替，表示禁止越过，如道路及禁止跨越的临边防护栏杆等；黄色与黑色交替，表示警告危险，如防护栏杆、吊车吊钩的滑轮架等。

3. 建筑施工安全标志设置

(1) 建筑施工常见安全标志

1) 施工现场醒目处设置注意安全、禁止吸烟、必须系安全带、必须戴安全帽、必须穿防护服等标志；

2) 施工现场及道路坑、沟、洞处设置当心坑洞标志；

3) 施工现场较宽的沟、坑及高空分离处设置禁止跨越标志；

4) 未固定设备、未经验收合格的脚手架及未安装牢固的构件设置禁止攀登、禁止架梯等标志；

5）吊装作业区域设置警戒标识线并设置禁止通行、禁止入内、禁止停留、当心吊物、当心落物、当心坠落等标志；

6）高处作业、多层作业下方设置禁止通行、禁放易燃物、禁止停留等标志；

7）高处通道及地面安全通道设置安全通道标志；

8）高处作业位置设置必须系安全带、禁止抛物、当心坠落、当心落物等标志；

9）梯子入口及高空梯子通道设立注意安全、当心滑跌、当心坠落等标志；

10）电源及配电箱设置当心触电等标志；

11）电器设备试、检验或接线操作，设置有人操作，禁止合闸等标志；

12）临时电缆（地面或架空）设置当心电缆标志；

13）氧气瓶、乙炔瓶存放点，设置禁止烟火、当心火灾等标志；

14）仓库及临时存放易燃易爆物品地点设置禁止吸烟、禁止火种等标志；

15）射线作业按规定设置安全警戒标识线，并设置当心电离辐射标志；

16）滚、剪板等机械设备设立当心设备伤人、注意安全等标志；

17）施工道路设立当心车辆及其他限速、限载等标志；

18）施工现场及办公室设置火灾报警电话标志；

19）施工现场“五口”作业处应设置防护栏杆并设置当心滑跌、当心坠落等标志；

20）紧急集合点标志。

（2）建筑施工现场安全标志设置方法

建筑施工现场应按照以下方法设置安全标志：

1）高度。安全标志牌的设置高度应与人眼的视线高度一致，禁止烟火、当心坠物等环境标志牌下边缘距离地面高度不能小于 2 m；禁止乘人、当心伤手、禁止合闸等局部信息标志牌的设置高度应视具体情况而定。

2）角度。标志牌的平面与视线夹角应接近 90°，观察者位于最大观察距离时，最小夹角不低于 75°。

3）位置。标志牌应设在与安全有关的醒目和明亮的地方，并使大家看见后，有足够的时间来注意它所表示的内容。环境信息标志宜设在有关场所的入口和醒目处；局部信息标志应设在所涉及的相应危险地点或设备（部件）附近的醒目处。

4）顺序。同一位置必须同时设置不同类型的多个标志牌时，应按照警告、禁止、指令、提示的顺序，先左后右，先上后下的排列设置。

5）固定。建筑施工现场设置的安全标志牌的固定方式主要为附着式、悬挂式两种。在其他场所也可采取柱式。悬挂式和附着式的固定应稳固不倾斜，柱式的标志牌和支架应牢固地连接在一起。

建筑施工工地中的标志牌一般不宜设置在移动的物体上，以免这些物体位置移动后，看不见安全标志。标志牌前不得放置妨碍认读的障碍物。

二十九、职业病防治

1. 职业病

当职业危害因素作用于人体的强度与时间超过一定的限度时，人体不能代偿其所造成的功能性或器质性病理的改变，从而出现相应的临床症状，影响劳动能力，这类疾病通称为职业病。一般被认定为职业病，应具备下列三个条件：该疾病应与工作场所的职业性有害因素密切有关；所接触的有害因素的剂量（浓度或强度）无论过去或现在，都足可导致疾病的发生；必须区别职业性与非职业性病因所起的作用，而前者的可能性必须大于后者。

《中华人民共和国职业病防治法》将职业病定义为：企业、事业单位和个体经济组织（又称为用人单位）的劳动者在职业活动中，因接触粉尘、放射性物质或其他有毒、有害物质等因素而引起的疾病。

国家卫生和计划生育委员会、国家安全生产监督管理总局、人力资源社会保障部和全国总工会于 2013 年 12 月 23 日下发并实施了《职业病分类和目录》。新目录规定的法定职业病为 10 类 132 种。

2. 建筑施工常见职业病防治措施

(1) 建筑施工最常见的职业危害

1）油漆作业。油漆作业的主要职业危害是吸入有机溶剂蒸气。各种漆都是由成膜物质（各种树脂）、溶剂、颜料、干燥剂、添加剂组成。普通油漆通常用汽油作溶剂，环氧铁红底漆含少量二甲苯，浸漆主要含甲苯，也有少量苯。喷漆（硝基漆）及其稀释剂（香蕉水）中含多量苯或甲苯、二甲苯，在无防护情况下从事喷漆工作，作业场所空气中苯浓度相当高，对喷漆工人危害极大。

2）水泥生产、使用。吸入水泥粉尘可引起水泥尘肺。水泥遇水或汗液，能生成氢氧化钙等碱性物质，刺激皮肤引起皮炎，进入眼内引起结膜炎、角膜炎。

3）石棉肺。石棉是镁、铁及部分钙、钢的含水硅酸盐所形成，具有纤维状结构的一类矿物的总称。吸入这类粉尘所引起的尘肺称为石棉肺。石棉是公认的致癌物，接触石棉的工人肺癌死亡率显著增高，尤其是接触石棉的同时又吸烟者更为明显。一般人群中极少见的恶性肿瘤皮间瘤，在接触石棉的人群中较多发生。

石棉肺尚无特殊治疗方法，应以预防为主。

4）机械振动和噪声的危害。机械振动病是长期接触生产性振动所引起的职业性危害，包括局部振动病和全身振动病。

局部振动病是由于局部肢体（主要为手）长期接受强烈振动，而引起的肢端血管痉挛、上肢周围神经末梢感觉障碍及骨关节骨质改变为主要表现的职业病。全身振动除对前庭功能影响出现协调性减低的表现，还可引起植物神经症状及内脏移位，对于孕妇可能引起流产。

机械性噪声是由机械的撞击、摩擦和转动而产生的，电锯、锻锤等产生的噪声均属此类。对噪声性耳聋目前还没有有效的治疗方法，故早期进行听力保护，加强预防措施至关重要。

5）高温环境的危害。夏季在建筑工地的露天作业中，除受太阳的辐射作用外，还接受被加热的地面和周围物体放出的辐射线。露天作业中的热辐射强度较低，但作业的持续时间较长，加之中午前后气温升高，形成高温、热辐射的作业环境。

中暑是高温环境下发生的一类疾病的总称。中暑的发生与周围环境温度有密切关系，一般当气温超过人体表面温度时，即有发生中暑的可能。但高温不是唯一的致病因素，生产场所的其他气象条件，如湿度、气流和热辐射也与中暑有直接关系。

（2）建筑施工常见职业病预防控制措施

1）各种粉尘引起的尘肺病预防控制措施：

作业场所防护措施：加强水泥等易扬尘材料的存放处、使用处的扬尘防护，任何人不得随意拆除，在易扬尘部位设置警示标志。

个人防护措施：落实相关岗位的持证上岗，给施工作业人员提供扬尘防护口罩，杜绝施工操作人员超时工作。

检查措施：在检查项目工程安全的同时，检查工人作业场所的扬尘防护措施的落实，检查个人扬尘防护措施的落实，每月不少于一次，并指导施工作业人员减少扬尘的操作方法和技巧。

2）电焊工尘肺、眼病的预防控制措施：

作业场所防护措施：为电焊工提供通风良好的操作空间。

个人防护措施：电焊工必须持证上岗，作业时佩戴有害气体防护口罩、眼睛防护罩，杜绝违章作业，采取轮流作业，杜绝施工操作人员超时工作。

检查措施：在检查项目工程安全的同时，检查落实工人作业场所的通风情况，个人防护用品的佩戴，8 小时工作制，及时制止违章作业。

3）直接操作振动机械引起的手臂振动病的预防控制措施：

作业场所防护措施：在作业区设置防职业病警示标志。

个人防护措施：机械操作工要持证上岗，提供振动机械防护手套，延长换班休息时间，杜绝作业人员超时工作。

检查措施：在检查工程安全的同时，检查落实警示标志的悬挂，工人持证上岗，防震手套佩戴，工作时间不超时等情况。

4）油漆工、粉刷工接触有机材料散发不良气体引起的中毒预防控制措施：

作业场所防护措施：加强作业区的通风排气措施。

个人防护措施：相关工种持证上岗，给作业人员提供防护口罩，采取轮流作业，杜绝作业人员超时工作。

检查措施：在检查工程安全的同时，检查落实作业场所的良好通风，工人持证上岗，佩戴口罩，工作时间不超时，并指导提高中毒事故中职工救人与自救的能力。

5）接触噪声引起的职业性耳聋的预防控制措施：

作业场所防护措施：在作业区设置防职业病警示标志，对噪声大的机械加强日常保养和维护，减少噪声污染。

个人防护措施：为施工操作人员提供劳动防护耳塞，采取轮流作业，杜绝施工操作人员的超时工作。

检查措施：在检查工程安全的同时，检查落实作业场所的降噪声措施，工人佩戴防护耳塞，工作时间不超时。

6）长期超时、超强度工作，精神长期过度紧张造成相应职业病的预防控制措施：

作业场所防护措施：提高机械化施工程度，减小工人劳动强度，为职工提供良好的生活、休息、娱乐场所，加强施工现场的文明施工。

个人防护措施：不盲目抢工期，即使抢工期也必须安排充足的人员能够按时换班作业，采取8小时作业换班制度，及时发放工人工资，稳定工人情绪。

检查措施：工人劳动强度适宜，文明施工，工作时间不超时，工人工资发放及时。

7）高温中暑的预防控制措施：

作业场所防护措施：在高温期间，为职工备足饮用水或绿豆水、防中暑药品、器材。

个人防护措施：减少工人工作时间，尤其是延长中午休息时间。

检查措施：夏季施工，在检查工程安全的同时，检查落实饮水、防中暑物品的配备，工人劳逸适宜，并指导提高中暑情况发生时，职工救人与自救的能力。

习题

1. 熟练掌握几种安全生产术语的含义。
2. 什么是安全生产责任制？
3. 建筑施工特种作业人员有哪些？
4. 建筑施工从业人员应该配备哪些劳动防护用品？
5. 什么是安全标志？列举身边的安全标志。
6. 建筑施工中常见的职业危害有哪些？

第三章　施工现场临时用电安全常识

施工现场用电与一般工业或居民生活用电相比具有临时性、露天性、流动性和不可选择性的特点，有与一般工业用电或居民生活用电不同的规范。但是，很多人在具体操作使用过程中，存在不按标准规范操作的现象。并有相当多的施工人员对电的特性不了解，对电的危险性认识不足，没有安全用电的基本知识，不懂临时施工用电的规范。触电造成的伤亡事故是建筑施工现场的多发事故之一。因此，凡进入施工现场的每一个人员必须高度重视安全用电工作，掌握必备的电气安全技术知识。

第一节　电气安全基本常识

建筑施工现场的电工、电焊工属于特种作业工种，必须按国家有关规定经专门安全作业培训，取得特种作业操作资格证书，方可上岗作业。其他人员不得从事电气设备及电气线路的安装、维修和拆除。

一、一般规定

建筑施工现场必须采用 TN—S 接零保护系统，即具有专用保护零线（PE 线）、电源中性点直接接地的 220/380 V 三相五线制系统。

建筑施工现场必须按“三级配电二级保护”设置。

施工现场的用电设备必须实行“一机、一闸、一漏、一箱”制，即每台用电设备必须有自己专用的开关箱，专用开关箱内必须设置独立的隔离开关和漏电保护器。

严禁在高压线下方搭设临建、堆放材料和进行施工作业。在高压线一侧作业时，必须保持至少 6 m 的水平距离，达不到上述距离时，必须采取隔离防护措施。

在宿舍工棚、仓库、办公室内，严禁使用电饭煲、电水壶、电炉、电热杯等较大功率电器。如需使用，应由项目部安排专业电工在指定地点，安装可使用较高功率电器的电气线路和控制器。严禁使用不符合安全的电炉、电热棒等。

严禁在宿舍内乱拉乱接电源，非专职电工不准乱接或更换熔丝，不准以其他金属丝代替熔丝（保险丝）。

严禁在电线上晾衣服和挂其他东西等。

搬运较长的金属物体，如钢筋、钢管等材料时，应注意不要碰触到电线。

在临近输电线路的建筑物上作业时，不能随便往下扔金属类杂物，更不能触摸、拉动电线或电线接触钢丝和电杆的拉线。

移动金属梯子和操作平台时，要观察高处输电线路与移动物体的距离，确认有足够的安全距离，再进行作业。

在地面或楼面上运送材料时，不要踏在电线上。搬运木工机械等，必须先切断电源，不能带电搬动。

移动有电源线的机械设备，如电焊机、水泵等，必须先切断电源，不能带电搬动。

当发现电线坠地或设备漏电时，切不可随意跑动和触摸金属物体，并保持 10 m 以上距离。

水泵（含潜水泵、一般水泵）接通电源前，水中的一切工作人员必须返回地面，接通电源后严禁一切工作人员下水作业，在确实已经断开电源后方可下水作业。严禁边抽水边作业。若地下水过大，不能达到上述要求时，必须另行制定切实可行的安全措施才能作业。

使用移动式用电设备（如振动器、水磨石机、手持式电动工具）的操作者，必须穿绝缘鞋、戴绝缘手套。

二、安全用电基本概念

1. 常用术语

（1）低压。交流额定电压在 1 kV 及以下的电压。

（2）高压。交流额定电压在 1 kV 以上的电压。

(3) 外电线路。施工现场临时用电工程配电线路以外的电力线路。

(4) 有静电的施工现场。存在因摩擦、挤压、感应和接地不良等而产生对人体和环境有害静电的施工现场。

(5) 强电磁波源。辐射波能够在施工现场机械设备上感应产生有害对地电压的电磁辐射体。

(6) 接地。设备的一部分为形成导电通路与大地的连接。

(7) 工作接地。为了电路或设备达到运行要求的接地，如变压器低压中性点和发电机中性点的接地。

(8) 重复接地。设备接地线上一处或多处通过接地装置与大地再次连接的接地。

(9) 接地体。埋入地中并直接与大地接触的金属导体。

(10) 人工接地体。人工埋入地中的接地体。

(11) 自然接地体。施工前已埋入地中，可兼作接地体用的各种构件，如钢筋混凝土基础的钢筋结构、金属井管、金属管道（非燃气）等。

(12) 接地线。连接设备金属结构和接地体的金属导体(包括连接螺栓)。

(13) 接地装置。接地体和接地线的总和。

(14) 接地电阻。接地装置的对地电阻。它是接地线电阻、接地体电阻、接地体与土壤之间的接触电阻和土壤中的散流电阻之和。

接地电阻可以通过计算或测量得到它的近似值，其值等于接地装置对地电压与通过接地装置流入地中电流之比。

(15) 工频接地电阻。按通过接地装置流入地中工频电流求得的接地电阻。

(16) 冲击接地电阻。按通过接地装置流入地中冲击电流(模拟雷电流) 求得的接地电阻。

(17) 电气连接。导体与导体之间直接提供电气通路的连接（接触电阻近于零)。

(18) 带电部分。正常使用时要被通电的导体或可导电部分，它包括中性导体（中性线)，不包括保护导体（保护零线或保护线)，按惯例也不包括工作零线与保护零线合一的导线(导体)。

(19) 外露可导电部分。电气设备的能触及的可导电部分。它在正常情况下不带电，但在故障情况下可能带电。

(20) 触电（电击)。电流流经人体或动物体，使其产生病理生理效应。

(21) 直接接触。人体、牲畜与带电部分的接触。

(22) 间接接触。人体、牲畜与故障情况下变为带电体的外露可导电部分的接触。

(23) 配电箱。一种专门用作分配电力的配电装置，包括总配电箱和分配电箱，如无特指，总配电箱、分配电箱合称配电箱。

(24) 开关箱。末级配电装置的通称，亦可兼作用电设备的控制装置。

(25) 隔离变压器。指输入绕组与输出绕组在电气上彼此隔离的变压器，用以避免偶然同时触及带电体（或电绝缘损坏而可能带电的金属部件）和大地所带来的危险。

(26) 安全变压器。为安全特低电压电路提供电源的隔离变压器。它的输入绕组与输出绕组在电气上至少由相当于双重绝缘或加强绝缘的绝缘隔离开来。它是专门为配电电路、工具或其他设备提供安全特低电压而设计的。

2. 常用代号

(1) DK——电源隔离开关；

(2) H——照明器；

(3) L1、L2、L3——三相电路的三相相线；

(4) M——电动机；

(5) N——中性点、中性线、工作零线；

(6) NPE——具有中性和保护线两种功能的接地线，又称保护中性线；

(7) PE——保护零线，保护线；

(8) RCD——漏电保护器，漏电断路器；

(9) T——变压器；

(10) TN——电源中性点直接接地时电气设备外露可导电部分通过零线接地的接零保护系统；

(11) TN-C——工作零线与保护零线合一设置的接零保护系统；

(12) TN-C-S——工作零线与保护零线前一部分合一，后一部分分开设置的接零保护系统；

(13) PN-S——工作零线与保护零线分开设置的接零保护系统；

(14) TT——电源中性点直接接地，电气设备外露可导电部分直接接地的接地保护系统，其中电气设备的接地点独立于电源中性点接地点；

(15) W——电焊机。

三、安全电压

安全电压是为防止触电事故而采用的 50 V 以下特定电源供电的电压系列，分为 42 V、36 V、24 V、12 V 和 6 V 五个等级。根据不同的作业条件，选用不同的安全电压等级。建筑施工现场常用的安全电压有 12 V、24 V、36 V。

特殊场所必须采用安全电压供电照明。

以下特殊场所必须采用安全电压供电照明：

(1) 室内灯具离地面低于 2.4 m，手持照明灯具，一般潮湿作业场所（地下室、潮湿室内、潮湿楼梯、隧道、人防工程以及有高温、导电灰尘等）的照明，电源电压应不大于 36 V。

(2) 在潮湿和易触及带电体场所的照明电源电压，应不大于 24 V。

(3) 在特别潮湿的场所、锅炉或金属容器内、导电良好的地面使用手持照明灯具等，照明电源电压不得大于 12 V。

四、电线的相色

1. 正确识别电线的相色

电源线路可分工作相线（火线）、专用工作零线和专用保护零线。一般情况下，工作相线（火线）带电危险，专用工作零线和专用保护零线不带电。但在不正常情况下，工作零线也可以带电。

2. 相色规定

一般相线（火线）分为 U、V、W 三相，分别为黄色、绿色、红色；工作零线为淡蓝色；专用保护零线为黄绿双色线。

严禁用黄绿双色、淡蓝线当相线，也严禁用黄色、绿色、红色线作为工作零线和保护零线。

五、插座的使用

正确使用与安装插座。

1. 插座分类

常用的插座分为单相双孔、单相三孔和三相三孔、三相四孔等。

2. 选用与安装接线

(1) 三孔插座应选用“品字形”结构，不应选用等边三角形排列的结构，因为后者容易发生三孔互换造成触电事故。

(2) 插座在电箱中安装时，必须首先固定安装在安装板上，接地极与箱体一起作可靠的 PE 保护。

(3) 三孔或四孔插座的接地孔（较粗的一个孔），必须置于顶部位置，不可倒置，两孔插座应水平并列安装，不准垂直并列安装。

(4) 插座接线要求。对于两孔插座，左孔接零线，右孔接相线；对于三孔插座，左孔接零线，右孔接相线，上孔接保护零线；对于四孔插座，上孔接保护零线，其他三孔分别接 U、V、W 三根相线。

六、“用电示警”标志

正确识别“用电示警”标志或标牌，不得随意靠近、随意损坏或挪动标牌。

1. 常用的电力标志

颜色：红色。

使用场所：配电房、发电机房、变压器等重要场所。

2. 高压示警标志

颜色：字体为黑色，箭头和边框为红色。

使用场所：高压示警场所。

3. 配电房示警标志

颜色：字体为红色，边框为黑色（或字与边框交换颜色）。

使用场所：配电房或发电机房。

4. 维护检修示警标志

颜色：底为红色、字为白色（或字为红色、底为白色、边框为黑色）。

使用场所：维护检修时相关场所。

5. 其他用电示警标志

颜色：箭头为红色、边框为黑色、字为红色或黑色。

使用场所：其他一般用电场所。

进入施工现场的每个人都必须认真遵守用电管理规定，见到以上用电示警标志或标牌时，不得随意靠近，更不准随意损坏、挪动标牌。

第二节　施工用电安全技术知识

各类用电人员应掌握安全用电基本知识和所用设备的性能，并应符合下列规定：使用电气设备前必须按规定穿戴和配备好相应的劳动防护用品，并应检查电气装置和保护设施，严禁设备带“缺陷”运转；保管和维护所用设备，发现问题及时报告解决；暂时停用设备的开关箱必须分断电源隔离开关，并应关门上锁；移动电气设备时，必须经电工切断电源并做妥善处理后进行。

一、电气线路的安全技术知识

施工现场电气线路全部采用“三相五线制”（TN—S系统）专用保护接零（PE线）系统供电。

施工现场架空线采用绝缘铜线。

架空线设在专用电杆上，严禁架设在树木、脚手架上。

导线与地面保持足够的安全距离。导线与地面最小垂直距离：施工现场应不小于4 m；机动车道应不小于6 m；铁路轨道应不小于7.5 m。

如果由于在建工程位置限制而无法保证规定的电气安全距离，必须采取设置防护性遮拦、栅栏，悬挂警告标志牌等防护措施。发生高压线断线落地时，非检修人员要远离落地点10 m以外，以防跨步电压危害。

为了防止设备外壳带电发生触电事故，设备应采用保护接零，并安装漏电保护器等措施。作业人员要经常检查保护零线连接是否牢固可靠，漏电保护器是否有效。

在电箱等用电危险地方，挂设安全警示牌。如“有电危险”“禁止合闸，有人工作”等。

二、照明用电的安全技术知识

施工现场临时照明用电的安全要求如下：

(1) 临时照明线路必须使用绝缘导线。户内（工棚）临时线路的导线必须安装在离地 2 m 以上的支架上；户外临时线路必须安装在离地 2.5 m 以上的支架上。零星照明线不允许使用花线，一般应使用软电缆线。

（2）建设工程的照明灯具宜采用拉线开关。拉线开关距地面高度为 2.3 m，与出、入口的水平距离为 0.15～0.2 m。

（3）严禁在床头设立开关和插座。

（4）电器、灯具的相线必须经过开关控制。

不得将相线直接引入灯具，也不允许以电气插头代替开关来分合电路，室外灯具距地面不得低于 3 m；室内灯具不得低于 2.4 m。

（5）使用手持照明灯具（行灯）应符合一定的要求：

1）电源电压不超过 36 V。

2）灯体与手柄应坚固，绝缘良好，并耐热防潮湿。

3）灯头与灯体结合牢固。

4）灯泡外部要有金属保护网。

5）金属网、反光罩、悬吊挂钩应固定在灯具的绝缘部位上。

（6）照明系统中每一单相回路上，灯具和插座数量不宜超过 25 个，并应装设熔断电流为 15 A 以下的熔断保护器。

三、配电箱与开关箱的安全技术知识

施工现场临时用电一般采用三级配电方式，即总配电箱

(或配电室)，下设分配电箱，再以下设开关箱，开关箱以下就是用电设备。

配电箱和开关箱的使用安全要求如下：

(1) 配电箱、开关箱的箱体材料，一般应选用钢板，亦可选用绝缘板，但不宜选用木质材料。

(2) 电箱、开关箱应安装端正、牢固，不得倒置、歪斜。

固定式配电箱、开关箱的下底与地面垂直距离应大于或等于1.3 m，小于或等于1.5 m；移动式分配电箱、开关箱的下底与地面的垂直距离应大于或等于0.6 m，小于或等于1.5 m。

(3) 进入开关箱的电源线，严禁用插销连接。

(4) 电箱之间的距离不宜太远。

分配电箱与开关箱的距离不得超过30 m。开关箱与固定式用电设备的水平距离不宜超过3 m。

(5) 每台用电设备应有各自专用的开关箱。

施工现场每台用电设备应有各自专用的开关箱，且必须满足“一机、一闸、一漏、一箱”的要求，严禁用同一个开关电器直接控制两台及两台以上用电设备（含插座)。

开关箱中必须设漏电保护器，其额定漏电动作电流应不大于30 mA，漏电动作时间应不大于0.1 s。

(6) 所有配电箱门应配锁，不得在配电箱和开关箱内挂接或插接其他临时用电设备，开关箱内严禁放置杂物。

(7) 配电箱、开关箱的接线应由电工操作，非电工人员不得乱接。

(8) 在停、送电时，配电箱、开关箱之间应遵守合理的操作顺序：

送电操作顺序：总配电箱、分配电箱、开关箱；

断电操作顺序：开关箱、分配电箱、总配电箱。

正常情况下，停电时首先分断自动开关，然后分断隔离开关；送电时先合隔离开关，然后合自动开关。

(9) 使用配电箱、开关箱时，操作者应接受岗前培训，熟悉所使用设备的电气性能和掌握有关开关的正确操作方法。

(10) 及时检查、维修、更换熔断器的熔丝，必须用原规格的熔丝，严禁用铜线、铁线代替。

(11) 配电箱的工作环境应经常保持设置时的要求，不得在其周围堆放任何杂物，保持必要的操作空间和通道。

(12) 维修机器停电作业时，要与电源负责人联系停电，并悬挂警示标志，卸下熔丝，锁上开关箱。

四、电气安全管理工作中的“十不准”。

凡从事电气设备安装、检修、值班运行、调试、线路架设的电工，都必须遵守电气安全管理工作中的“十不准”。

(1) 非持证电工不准装接电气设备。

(2) 任何人不准擅动电气设备和开关。

(3) 破损的电气设备应及时调换，不准使用绝缘损坏的电气设备。

(4) 不准利用电热设备和灯光取暖。

(5) 设备检修切断电源时，任何人不准启动挂有警告牌的电气设备和合上拔去的熔断器。

(6) 不准用水冲洗揩擦电气设备。

(7) 熔断丝熔断时，不准调换容量不符的熔断丝或以其他金属丝替代。

(8) 在埋有电缆的地方，不准不办任何手续进行打桩和动土。

(9) 发现有人触电时，应立即切断电源，进行抢救。在未脱离电源前，不准直接接触触电者。

(10) 雷雨天气不准接近避雷器和避雷针。

第三节 触电事故

施工现场的触电事故主要分为电击和电伤两大类，也可分为低压触电事故和高压触电事故。

电击是人体直接接触带电部分，电流通过人体，如果电流达到一定的数值就会使人体和带电部分相接触的肌肉发生痉挛（抽筋），呼吸困难，心脏麻痹，直到死亡。电击是内伤，是最具有致命危险的触电伤害。

电伤是指皮肤局部的损伤，有灼伤、烙印和皮肤金属化等伤害。

一、触电事故的特点

（1）电压越高，危险性越大。

（2）有一定的季节性，每年的第二、三季度因天气潮湿、多雨、天气炎热，触电事故较多。

（3）低压设备触电事故较多，因施工现场低压设备较多，又被多数人直接使用。

（4）发生在携带式设备和移动式设备上的触电事故多。

（5）在高温、潮湿、混乱或金属设备多的现场中触电事故多。

（6）违章操作和无知操作而触电的事故占绝大多数。

二、触电事故的主要原因

（1）缺乏电气安全知识，自我保护意识淡薄。

（2）违反安全操作规程。

（3）电气设备安装不合格。

（4）电气设备缺乏正常检修和维护。

（5）偶然因素。

三、防止触电的安全技术措施

1. 电气线路的安全技术措施

(1) 施工现场电气线路应全部采用“三相五线制”专用保护接零系统。

(2) 施工现场架空线采用绝缘铜线。

(3) 架空线设在专用电杆上，严禁架设在树木、脚手架上。

(4) 导线与地面保持足够的距离。导线与地面最小垂直距离：施工现场应不小于 4 m；机动车道应不小于 6 m；铁路轨道应不小于 7.5 m。

(5) 无法保证规定的电气安全距离，必须采取防护措施。如果由于在建工程位置的限制而无法保证规定的电气安全距离，必须采取设置防护性遮栏、栅栏，悬挂警告标志牌等防护措施。发生高压线断线落地时，非检修人员要远离落地点 10 m 以外，以防跨步电压危害。

2. 防止触电伤害的十项基本安全操作要求

根据安全用电“装得安全、拆得彻底、用得正确、修得及时”的基本要求，为防止触电伤害，操作要求如下：

(1) 非电工严禁拆接电气线路、插头、插座、电气设备、电灯等。

(2) 使用电气设备前必须检查线路、插头、插座、漏电保护装置是否完好。

(3) 电气线路或机具发生故障时，应找电工处理，非电工不得自行修理或排除故障。

(4) 使用手持电动机械或其他电动机械从事湿作业时，要由电工接好电源，安装上漏电保护器，操作者必须穿好绝缘鞋、戴绝缘手套后再进行作业。

(5) 搬迁或移动电气设备必须先切断电源。

(6) 搬运钢筋、钢管及其他金属物时，严禁触碰到电线。

(7) 禁止在电线上挂晒物料。

(8) 禁止使用照明器烘烤、取暖，禁止擅自使用电炉和其他电加热器。

(9) 在架空输电线路附近工作时，应停止输电；不能停电时，应有隔离措施，要保持安全距离，防止触碰。

(10) 电线必须架空，不得在地面、施工楼面随意乱拖，若必须通过地面、楼面时应有过路保护，物料、车、人不准压踏碾磨电线。

2005 年 5 月 21 日，某市建筑安装有限公司的分公司 10 名职工在专特电动机生产厂房内进行室内顶棚粉刷作业。作业采用长、宽均为 5.7 m，高 11.25 m，底部设有钢制滚动轮的移动式方形操作平台。19 时 16 分，粉刷队长杨某带领曹某、刘某等 5 人移动操作平台时，平台的无防护胶皮的钢制滚动轮斜向碾压地面放置的电缆线，将电缆绝缘层轧破，致使整个操作平台及还存有 2～3 cm 深养护水的整个地面带电，6 名职工触电。杨某、曹某、刘某 3 人经抢救无效死亡，其他 3 人为轻伤。

事故的直接原因是：公司施工人员在移动操作平台时，明知地上有电缆线，未将电缆线电源开关切断，未将电缆移位，或未采取防止轧坏电缆的保护措施；野蛮、冒险作业，强行推动操作平台，致使防护胶套已脱落的轮子轧破电缆，造成触电事故。

第四节　手持电动工具安全使用常识

手持电动工具在使用中需要经常移动，其振动较大，比较容易发生触电事故，而且这类设备往往是在工作人员紧握之下运行的，因此，手持电动工具比固定设备具有更大的危险性。

一、手持电动工具的分类

手持电动工具按触电保护分为Ⅰ类工具、Ⅱ类工具和Ⅲ类工具。

1. Ⅰ类工具（即普通型电动工具）

Ⅰ类工具其额定电压超过 50 V。

Ⅰ类工具在防止触电的保护方面不仅依靠其本身的绝缘，而且必须将不带电的金属外壳与电源线路中的保护零线做可靠连接，这样才能保证工具在基本绝缘损坏时不成为导电体。这类工具外壳一般都是全金属。

2. Ⅱ类工具（即绝缘结构全部为双重绝缘结构的电动工具）

Ⅱ类工具其额定电压超过 50 V。

Ⅱ类工具在防止触电的保护方面不仅依靠基本绝缘，而且还提供双重绝缘或加强绝缘的附加安全预防措施。这类工具外壳有金属和非金属两种，但手持部分是非金属，非金属处有“回”符号标志。

3. Ⅲ类工具（即特低电压的电动工具）

Ⅲ类工具其额定电压不超过 50 V。

Ⅲ类工具在防止触电的保护方面依靠安全特低电压供电和在工具内部不含产生比安全特低电压高的电压。这类工具外壳均为全塑料。

Ⅱ、Ⅲ两类工具都能保证使用时电气安全的可靠性，不必接地或接零。

二、手持电动工具的安全使用要求

一般场所应选用Ⅰ类手持式电动工具，并应装设额定漏电动作电流不大于 15 mA，额定漏电动作时间小于 0.1 s 的漏电保护器。

在露天、潮湿场所或金属构架上操作时，必须选用Ⅱ类手持电动工具，并装设漏电保护器，严禁使用Ⅰ类手持式电动工具。

负荷线必须采用耐用型的橡皮护套铜芯软电缆。

单相用三芯（其中一芯为保护零线）电缆；三相用四芯（其中一芯为保护零线）电缆；电缆不得有破损或老化现象，中间不得有接头。

手持电动工具应配备装有专用的电源开关和漏电保护器的开关箱，严禁一台开关接两台以上设备，其电源开关应采用双刀控制。

手持电动工具开关箱内应当采用插座连接，其插头、插座应无损坏，无裂纹，且绝缘良好。

使用手持电动工具前，必须检查外壳、手柄、负荷线、插头等是否完好无损，接线是否正确（防止相线与零线错接）。发现工具外壳、手柄破裂，应立即停止使用并进行更换。

非专职人员不得擅自拆卸和修理工具。

作业人员使用手持电动工具时，应穿绝缘鞋，戴绝缘手套，操作时握其手柄，不得利用电缆提拉。

三、检查、维修

工具在发出或收回时，保管人员必须进行一次日常检查。在使用前，使用者必须进行日常检查。

工具的日常检查至少应包括以下项目：

(1) 外壳、手柄有否裂缝和破损；

(2) 保护线连接是否正确，牢固可靠；

(3) 电源线是否完好无损；

(4) 电源插头是否完整无损；

(5) 电源开关动作是否正常、灵活，有无缺损、破裂；

(6) 机械防护装置是否完好；

(7) 工具转动部分是否转动灵活、轻快，无阻滞现象；

(8) 电气保护装置是否良好。

工具必须由专职人员按以下规定进行定期检查：

(1) 每年至少检查一次；

(2) 在湿热和常有温度变化的地区或使用条件恶劣的地方应相应缩短检查周期；

(3) 在梅雨季节前应及时检查；

(4) 工具的定期检查，还必须测量工具的绝缘电阻。

长期搁置不用的工具，在使用前必须测量绝缘电阻。如果绝缘电阻不符合规定的数值，必须进行干燥处理或维修，经检查合格后，方可使用。

工具如有绝缘损坏、电源线护套破裂、保护线脱落、插头插座裂开或有损于安全的机械损伤等故障时，应立即进行修理，在未修复前，不得继续使用。

工具的维修必须由专门指定的维修部门进行，同时应配备必要的检验设备或仪器。

使用单位和维修部门不得任意改变工具的原设计参数，不得采用低于原用材料性能的代用材料和与原有规格不符的零部件。

在维修时，工具内的绝缘衬垫、套管不得任意拆除或漏装，工具的电源线不得任意调换。

工具的电气绝缘部分经修理后，必须进行绝缘电阻测量和绝缘耐压试验。

习题

1. 建筑施工现场临时用电安全一般规定有哪些？
2. 什么是安全电压？哪些情况下必须使用安全电压？
3. 临时照明用电的安全管理制度有哪些？
4. 如何预防触电事故？

第四章　高处作业安全常识

施工现场很多事故都是由于高处作业引起的。高处作业的事故主要是物体打击和高处坠落，是施工现场最主要的事故，所以作业人员都要掌握有关高处作业的安全常识。

第一节　高处作业的基本概念

按照国家标准《高处作业分级》规定：凡在坠落高度基准面以上（含 2 m）有可能坠落的高处所进行的作业，都称为高处作业。

一、高处作业的含义

按照高处作业的定义，不论在单层、多层或高层建筑物作业，即使是在平地，只要作业处的侧面有可能导致人员坠落的坑、井、洞或空间，其高度达到 2 m 及其以上，就属于高处作业。其含义有两个：一是相对概念，可能坠落的底面高度大于或等于 2 m。二是高低差距标准定为 2 m，因为一般情况下，当人在 2 m 以上的高处坠落时，就很可能会造成重伤、残废或甚至死亡。

人体从超过自身高度的高处坠落就可能受到伤害，高处作业高度越高，可能坠落范围半径越大，作业危险性就越大。

二、高处作业分级

由于并非所有的坠落都是沿垂直方向笔直的下坠，因此就有一个可能的坠落范围的半径问题。即考虑最低坠落着落点时，应同时确定一个坠落范围圈作为依据，坠落高度越高，可能坠落范围就越大。按照不同的坠落高度，高处作业分为Ⅰ级、Ⅱ级、Ⅲ级和Ⅳ级四个等级。

Ⅰ级：2～5 m；

Ⅱ级：5～15 m；

Ⅲ级：15～30 m；

Ⅳ级：30 m 以上。

高处作业又分为特殊高处作业和一般高处作业，在特殊和恶劣条件下的高处作业称为特殊高处作业。特殊高处作业包括强风、高温、雪天、雨天、夜间、带电、悬空、抢救等高处作业。特殊高处作业以外的高处作业称为一般高处作业。

在施工现场高处作业中，如果未防护、防护不好或作业不当都可能发生人或物的坠落。人从高处坠落的事故，称为高处坠落事故。物体从高处坠落砸着下面人的事故，称为物体打击事故。长期以来，预防施工现场高处作业的高处坠落、物体打击事故始终是施工安全生产的首要任务。

第二节　高处作业的基本类型

建筑施工中的高处作业主要包括临边、洞口、攀登、悬空、交叉五种基本类型，这些类型的高处作业是高处作业伤亡事故可能发生的主要地点。

一、临边作业

临边作业是指施工现场中，工作面边沿无围护设施或围护设施高度低于 80 cm 时的高处作业。

下列作业条件属于临边作业：

(1) 基坑周边，尚未安装栏杆或栏板的阳台、料台与挑平台周边，雨篷与挑檐边，无外脚手的屋面与楼层周边及水箱与水塔周边等处。

(2) 头层墙高度超过 3.2 m 的二层楼面周边，以及无外脚手的高度超过 3.2 m 的楼层周边。

(3) 分层施工的楼梯口和梯段边。

(4) 井架与施工用电梯和脚手架等与建筑物通道的两

侧边。

（5）各种垂直运输接料平台。

二、洞口作业

洞口作业是指孔、洞口旁边的高处作业，包括施工现场及通道旁深度在 2 m 及 2 m 以上的桩孔、沟槽与管道孔洞等边沿作业。

建筑物的楼梯口、电梯口及预留洞口等（在未安装正式栏杆，门窗等围护结构时），还有一些施工需要预留的上料口、通道口、施工口等。凡是在 2.5 cm 以上，洞口若没有防护时，就有造成作业人员高处坠落的危险；或者若不慎将物体从这些洞口坠落时，还可能造成下面的人员发生物体打击事故。洞口作业主要有以下几种：

（1）板与墙的洞口。

（2）电梯井口。

（3）钢管桩、钻孔桩等桩孔上口，杯形、条形基础上口，未填土的坑槽，以及入孔、天窗、地板门等处。

三、攀登作业

攀登作业是指借助建筑结构或脚手架上的登高设施、梯子或其他登高设施在攀登条件下进行的高处作业。

在建筑物周围搭拆脚手架、张挂安全网，装拆塔机、龙门架、井字架、施工电梯、桩架及登高安装钢结构构件等作业都属于这种作业。

进行攀登作业时作业人员由于没有作业平台，只能攀登在可借助物的架子上作业，要借助一手攀、一只脚勾或用腰绳来保持平衡，身体重心垂线不通过脚下，作业难度大，危险性大，若有不慎就可能坠落。

四、悬空作业

悬空作业是指在周边临空状态下进行高处作业。其特点是在操作者无立足点或无牢靠立足点条件下进行高处作业。

建筑施工中的构件吊装，利用吊篮进行外装修，悬挑或悬空梁板、雨篷等特殊部位支拆模板、绑扎钢筋、浇筑混凝土等项作业都属于悬空作业。由于是在不稳定的条件下施工作业，危险性很大。

五、交叉作业

交叉作业是指在施工现场的上下不同层次，在空间贯通状态下同时进行的高处作业。

现场施工上部搭设脚手架、吊运物料、地面上的人员搬运材料、制作钢筋，或外墙装修下面打底抹灰、上面进行面层装饰等，都是施工现场的交叉作业。交叉作业中，若高处作业不慎碰掉物料，失手掉下工具或吊运物体散落，都可能砸到下面的作业人员，发生物体打击伤亡事故。

第三节　高处作业安全技术常识

从事高处作业人员须体检合格，衣着灵便；高处特种作业人员须持证上岗。高处作业时的安全措施有设置防护栏杆，孔洞加盖装门，满挂安全平立网，必要时设置安全防护棚等。

一、高处作业的一般施工安全规定

施工前，应逐级进行安全技术教育及交底，落实所有安全技术措施和人身防护用品，未经落实时不得进行施工。

高处作业中的安全标志、工具、仪表、电气设施和各种机械、设备，必须在施工前加以检查，确认其完好，方能投入使用。

悬空、攀登高处作业以及搭设高处作业安全设施的人员须经专业技术培训、考试合格发给特种作业人员操作证，并体检合格后，才能从事高处作业。

从事高处作业的人员必须定期进行身体检查，诊断患有心脏病、贫血、高血压、癫痫病、恐高症及其他不适宜高处作业的病时，不得从事高处作业。

高处作业人员衣着要灵便，禁止赤脚、穿硬底鞋、高跟鞋、带钉易滑鞋或拖鞋及赤膊裸身从事高处作业。禁止酒后高处作业。

高处作业场所有可能坠落的物体，应一律先行撤除或予以固定。所用物件均应堆放平稳，不妨碍通行和装卸。工具应随手放入工具袋。传递物件时，禁止抛掷。拆卸下的物件及余料、废料应及时清理运走。

遇有六级以上强风、浓雾等恶劣天气，不得进行露天悬空与攀登高处作业。台风暴雨后，应对高处作业安全设施逐一加以检查，发现有松动、变形、损坏或脱落、漏雨、漏电等现象，应立即修理完善或重新设置。

雨天和雪天进行高处作业时，必须采取可靠的防滑、防寒和防冻措施。凡是水、冰、霜、雪均应及时清除。

所有安全防护设施和安全标志等，任何人都不得损坏或擅自移动和拆除。因作业必需，临时拆除或变动安全防护设施和安全标志时，必须经施工负责人同意，并采取相应的可靠措施，作业完毕后应立即恢复。

施工中对高处作业的安全技术设施发现有缺陷和隐患时，必须立即报告，及时解决。危及人身安全时，必须立即停止作业。

防护棚搭设与拆除时，应设警戒区，并应派专人监护。严禁上下同时拆除。

二、高处作业施工安全技术措施

1. 临边作业安全防护

对临边高处作业，必须设置防护措施，并符合下列规定：

(1) 基坑周边，尚未安装栏杆或栏板的阳台、料台与挑平台周边，雨篷与挑檐边，无外脚手的屋面与楼层周边及水箱与水塔周边等处，都必须设置防护栏杆。

(2) 头层墙高度超过 3.2 m 的二层楼面周边，以及无外脚手的高度超过 3.2 m 的楼层周边，必须在外围架设安全平网一道。

(3) 分层施工的楼梯口和梯段边，必须安装临时护栏。顶层楼梯口应随工程结构进度安装正式防护栏杆。

(4) 井架与施工用电梯和脚手架等与建筑物通道的两侧边，必须设防护栏杆。地面通道上部应装设安全防护棚。双笼井架通道中间，应予分隔封闭。

(5) 各种垂直运输接料平台，除两侧设防护栏杆外，平台口还应设置安全门或活动防护栏杆。

2. 洞口作业安全防护

进行洞口作业以及在因工程和工序需要而产生的，使人与物有坠落危险或危及人身安全情况下，必须采取洞口防护。

（1）板与墙的洞口，必须设置牢固的盖板、防护栏杆、安全网或其他防坠落的防护设施。

（2）电梯井口必须设防护栏杆或固定栅门；电梯井内应每隔两层并最多隔 10 m 设一道安全网。

（3）钢管桩、钻孔桩等桩孔上口，杯形、条形基础上口，未填土的坑槽，以及人孔、天窗、地板门等处，均应按洞口防护设置稳固的盖件。

（4）施工现场通道附近的各类洞口与坑槽等处，除设置防护设施与安全标志外，夜间还应设红灯示警。

（5）洞口可视具体情况采取设防护栏杆、加盖板、张挂安全网与装栅门等措施。具体要求如下：

1）楼板、屋面和平台等面上短边尺寸小于 25 cm 但大于 2.5 cm 的孔口，必须用坚实的盖板盖设。盖板应防止挪动移位。

2）楼板面等处边长为 25～50 cm 的洞口、安装预制构件时的洞口以及缺件临时形成的洞口，可用竹、木等作盖板、盖住洞口。盖板须能保持四周搁置均衡，并有固定其位置的措施。

3）边长为 50～150 cm 的洞口，必须设置以扣件扣接钢管而成的网格，并在其上满铺竹笆或脚手板。也可采用贯穿于混凝土板内的钢筋构成防护网，钢筋网格间距不得大于

20 cm。

4）边长在 150 cm 以上的洞口，四周设防护栏杆，洞口下张设安全平网。

5）垃圾井道和烟道，应随楼层的砌筑或安装而消除洞口，或参照预留洞口作防护。管道井施工时，除按上述要求办理外，还应加设明显的标志。如有临时性拆移，需经施工负责人核准，工作完毕后必须恢复防护设施。

6）位于车辆行驶道旁的洞口、深沟与管道坑、槽，所加盖板应能承受不小于当地额定卡车后轮有效承载力 2 倍的荷载。

7）墙面等处的竖向洞口，凡落地的洞口应加装开关式、工具式或固定式的防护门，门栅网格的间距不应大于 15 cm，也可采用防护栏杆，下设挡脚板（笆）。

8）下边沿至楼板或底面低于 80 cm 的窗台等竖向洞口，如侧边落差大于 2 m 时，应加设 1.2 m 高的临时护栏。

9）对邻近的人与物有坠落危险性的其他竖向的孔、洞口，均应予以盖设或加以防护，并有固定其位置的措施。

3. 防护栏杆设置

防护栏杆由上下两道横杆、栏杆柱（间距不大于 2 m）及挡脚板组成，栏杆的材料、立柱的固定、立柱与横杆的连接等应有足够强度，其整体构造应使防护栏杆在上杆任何处都能经受任何方向的 100 kg 的外力。临边防护栏杆的构造形式如图

4—1 所示。

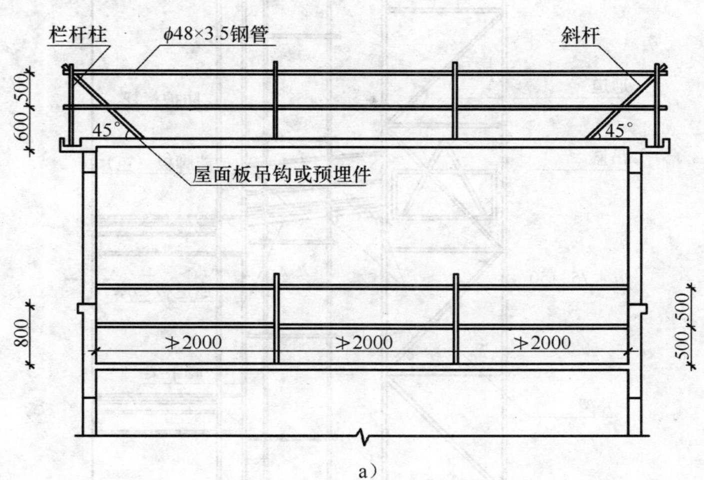

栏杆柱
ϕ48×3.5钢管
斜杆
600
500
45°
45°
屋面板吊钩或预埋件
800
≯2000
≯2000
≯2000
500
500
500

统长栏杆柱
横杆上杆
横杆下杆
安全网
对接扣件
直角扣件
埋锚固件
垫块
阳
台
500
600
≯2000
≯2000
ϕ48×3.6
栏杆横杆
统长栏杆柱
垫块
≯2000
≯2000

a）

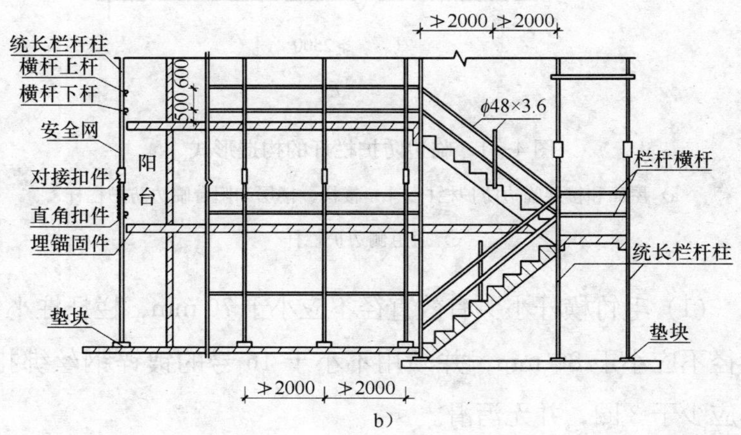

b）

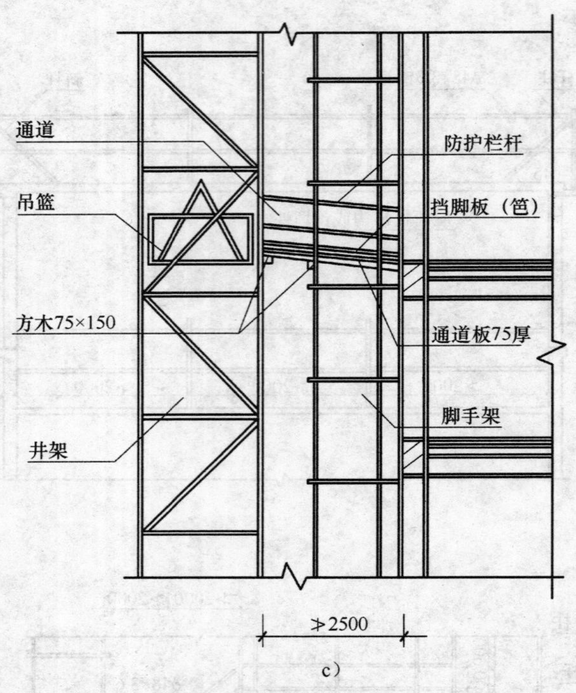

图 4—1　临边防护栏杆的构造形式

a）屋面和楼层临边防护栏杆　b）楼梯、楼层和阳台临边防护栏杆

c）通道侧边护栏杆

（1）毛竹横杆小头有效直径不应小于 70 mm，栏杆柱小头直径不应小于 80 mm，并须用不小于 16 号的镀锌钢丝绑扎，不应少于 3 圈，并无泻滑。

（2）原木横杆上杆梢径应不小于 70 mm，下杆梢径应不小于 60 mm，栏杆柱梢径应不小于 75 mm，并须用相应长度的圆钉钉紧，或用不小于 12 号的镀锌钢丝绑扎，要求表面平顺、稳固无动摇。

(3) 钢筋横杆上杆直径不应小于 16 mm，下杆直径不应小于 14 mm。钢管横杆及栏杆柱直径应不小于 18 mm，采用电焊或镀锌钢丝绑扎固定。

(4) 钢管栏杆及栏杆均采用 ϕ48×(2.75～3.5) mm 的管材，以扣件或电焊固定。

(5) 以其他钢材如角钢等作防护栏杆杆件时，应选用强度相当的规格，以电焊固定。

(6) 防护栏杆应由上、下两道横杆及栏杆柱组成，上杆离地高度为 1.0～1.2 m，下杆离地高度为 0.5～0.6 m。坡度大于 1∶2.2 的屋面，防护栏杆高 1.5 m，并加挂安全立网。横杆长度大于 2 m 时，必须加设栏杆柱。

(7) 当在基坑四周固定栏杆柱时，可采用钢管并打入地面 50～70 cm 深。钢管离边口的距离，应不小于 50 cm。当基坑周边采用板桩时，钢管可打在板桩外侧。

(8) 当在混凝土楼面、屋面或墙面固定栏杆柱时，可用预埋件与钢管或钢筋焊牢。采用竹、木栏杆时，可在预埋件上焊接 30 cm 长的 L50×5 角钢，其上下各钻一孔，然后用 10 mm 螺栓与竹、木杆件拴牢。

(9) 当在砖或砌块等砌体上固定栏杆柱时，可预先砌入规格相适应的 80×6 弯转扁钢作预埋铁的混凝土块，然后用上项方法固定。

(10) 当栏杆所处位置有发生人群拥挤、车辆冲击或物件碰撞等可能时，应加大横杆截面或加密柱距。

(11) 防护栏杆必须自上而下用安全立网封闭，或在栏杆下边设置严密固定的高度不低于 18 cm 的挡脚板或 40 cm 的挡脚笆。挡脚板与挡脚笆上如有孔眼，应不大于 25 mm。板与笆下边距离底面的空隙应不大于 10 mm。

接料平台两侧的栏杆，必须自上而下加挂安全立网或满扎竹笆。

(12) 当临边的外侧面临街道时，除防护栏杆外，敞口立面必须采取满挂安全网或其他可靠措施作全封闭处理。

4. 攀登作业安全防护

现场登高应借助建筑结构或脚手架上的登高设施，也可采用载人的垂直运输设备。进行攀登作业时，可使用梯子或采用其他攀登设施。

(1) 进行攀登作业时，作业人员要从规定的通道上下，不能在阳台之间等非规定通道进行攀登，也不得任意利用吊车臂架等施工设备进行攀登。

(2) 上下梯子时，必须面向梯子，且不得手持器物。

(3) 使用梯子时，梯脚底部应坚实、防滑，且不得垫高使用。梯子上端应有固定措施或设人扶梯。

(4) 立梯工作角度以 75°±5°为宜，踏板上下间距以 30 cm

为宜，不得缺挡。如需接长，必须有可靠的连接措施，且接头最多为1 m，连接后梯梁的强度应不低于单梯梯梁的强度。

（5）使用折梯时，上部夹角以35°～45°为宜，铰链必须牢固，并应有可靠的拉撑措施，禁止骑在折梯上移动梯子。

5. 悬空作业安全防护

悬空作业处应有牢靠的立足处，并必须视具体情况，配置防护栏网、栏杆或其他安全设施。

（1）悬空作业所用索具、脚手板、吊篮、吊笼、平台等设备，均需经技术鉴定方能使用。

（2）悬空作业处应有牢靠的立足处，并必须视具体情况，配置防护栏网、栏杆或其他安全设施。

（3）构件吊装和管道安装时的悬空作业应符合下列要求：

1）钢结构的吊装，构件应在地面组装，并应搭设进行临时固定、电焊、高强螺栓连接等工序的高空安全设施，随构件同时上吊就位。拆卸时的安全措施，应一并考虑和落实。高空吊装预应力钢筋混凝土层架、桁架等大型构件前，应搭设悬空作业中所需的安全设施。

2）悬空安装大模板、吊装第一块预制构件、吊装单独的大中型预制构件时，必须站在操作平台上操作。吊装中的大模板和预制构件以及石棉水泥板等屋面板上，严禁站人和行走。

3）安装管道时必须有已完结构或操作平台为立足点，严禁在安装中的管道上站立和行走。

(4) 模板支撑和拆卸时的悬空作业，应符合下列要求：

1）支模应按规定的作业程序进行，模板未固定前不得进行下一道工序。严禁在连接件和支撑件上攀登上下，并严禁在上下同一垂直面上装、拆模板。结构复杂的模板，装、拆应严格按照施工组织设计的措施进行。

2）支设高度在 3 m 以上的柱模板，四周应设斜撑，并应设立操作平台。低于 3 m 的可使用马凳操作。

3）支设悬挑形式的模板时，应有稳固的立足点。支设临空构筑物模板时，应搭设支架或脚手架。模板上有预留洞时，应在安装后将洞盖上盖板。混凝土板上拆模后形成的临边或洞口，应按洞口的有关规定进行防护。

拆模高处作业，应配置登高用具或搭设支架。

(5) 钢筋绑扎时的悬空作业，应符合下列要求：

1）绑扎钢筋和安装钢筋骨架时，必须搭设脚手架和马道。

2）绑扎圈梁、挑梁、挑檐、外墙和边柱等钢筋时，应搭设操作台架和张挂安全网。悬空大梁钢筋的绑扎，必须在满铺脚手板的支架或操作平台上操作。

3）绑扎立柱和墙体钢筋时，不得站在钢筋骨架上或攀登骨架上下。3 m 以内的柱钢筋，可在地面或楼面上绑扎，整体竖立。绑扎 3 m 以上的柱钢筋，必须搭设操作平台。

(6) 混凝土浇筑时的悬空作业，应符合下列要求：

1）浇筑离地 2 m 以上框架、过梁、雨篷和小平台时，应设操作平台，不得直接站在模板或支撑件上操作。

2）浇筑拱形结构，应自两边拱脚对称地相向进行。浇筑储仓，下口应先行封闭，并搭设脚手架以防人员坠落。

3）特殊情况下如无可靠的安全设施，必须系好安全带并扣好保险钩，或架设安全网。

（7）进行预应力张拉的悬空作业时，应符合下列要求：

1）进行预应力张拉时，应搭设站立操作人员和设置张拉设备的牢固可靠的脚手架或操作平台。雨天张拉时，还应架设防雨棚。

2）预应力张拉区域应有标示明显的安全标志，禁止非操作人员进入。张拉钢筋的两端必须设置挡板。挡板应距所张拉钢筋的端部1.5～2 m，且应高出最上一组张拉钢筋0.5 m，其宽度应距张拉钢筋两外侧各不小于1 m。

（8）悬空进行门窗作业时，应符合下列要求：

1）安装门、窗、玻璃，涂刷油漆时，严禁操作人员站在樘子、阳台栏板上操作。门、窗临时固定，封填材料未达到强度，在电焊时，严禁手拉门、窗进行攀登。

2）在高处外墙安装门、窗，无外脚手时，应张挂安全网。无安全网时，操作人员应系好安全带，其保险钩应挂在操作人员上方的可靠物件上。

3）进行各项窗口作业时，操作人员的重心应位于室内，不得在窗台上站立，必要时应系好安全带进行操作。

6. 交叉作业安全防护

施工现场常会有上下立体交叉作业，即在不同层次中，处于空间贯通状态下同时进行的高处作业，在交叉作业中常会发生物体打击、高处坠落事故。所以我们要熟悉交叉作业的安全防护知识。

(1) 支模、粉刷、砌墙等各工种进行上下立体交叉作业时，不得在同一垂直方向上操作。下层作业的位置，必须处于上层高度确定的可能坠落范围半径之外。不符合以上条件时，应设置安全防护层。

(2) 钢模板、脚手架等拆除时，下方不得有其他操作人员。

(3) 钢模板部件拆除后，临时堆放处离楼层边沿应不小于 1 m，堆放高度不得超过 1 m。楼层边口、通道口、脚手架边缘等处，严禁堆放任何拆下物件。

(4) 结构施工自二层起，凡人员进出的通道口（包括物料升降机、施工用电梯的进出通道口），均应搭设安全防护棚。高度超过 24 m 的层次上的交叉作业，应设双层防护。

(5) 由于上方施工可能坠落物件或处于起重机把杆回转范围之内的通道，在其受影响的范围内，必须搭设顶部能防止穿透的双层防护廊。

(6) 利用塔吊、龙门架等机具作垂直运输作业时，地面作业人员要避开吊物的下方，不要在吊车吊臂下穿行停留，防止吊运的材料散落时被砸伤。

(7) 进入施工现场要走指定的或搭有防护棚的出入口，不得从无防护棚的楼口出入，避免坠物砸伤。

2006 年 3 月 8 日，由某省国防工业建筑工程公司承包施工某工程建设监理有限公司监理的某机械工业有限公司第三联合厂房工程，该工程项目经理李某在检查模板安装过程中，发生高处坠落事故，经抢救无效死亡。

事故工程位于某市经济技术开发区，系某机械工业有限公司第三联合厂房，事发部位位于厂房内的办公用房(该办公用房为单层，面积 200 m^2，长 50 m，宽 4 m，高 4.3 m) 的一层顶面。当日 15 时 30 分，该工程项目经理李某在一层顶面的 C16-C17 轴检查模板安装质量时，自高 4.3 m 未安装完毕的模板缝隙中滑落，先落至高 1.2 m 的房间隔墙上，后又坠落至地面，经抢救无效于次日 4 时死亡。

事故的直接原因是：项目经理李某本身患有高血压疾病，在病情不稳定的情况下，不适宜从事高处作业，并且在施工现场未戴安全帽，安全意识薄弱，自我保护意识差。

第四节　高处作业安全防护用品使用常识

由于建筑行业的特殊性，高处作业中发生的高处坠落、物体打击事故的比例最大。许多事故案例都说明，由于未正确佩戴安全帽、安全带或按规定架设安全网，从而发生了伤亡事故。事实证明，安全帽、安全带、安全网是减少和防止高处坠落和物体打击这类事故发生的重要措施，常称之为“三宝”。

一、安全帽

对人体头部受外力伤害起防护作用的帽。

1. 安全帽的组成

安全帽由帽壳、帽衬、下颏带、附件等组成。

(1) 安全帽的帽壳包括帽舌、帽檐、顶筋、透气孔、插座、栓衬带孔及下颏带挂座等。

(2) 帽衬：帽壳内部部件的总称。包括帽箍顶戴、护带、托带、吸汗带、缓冲垫、衬带等。

(3) 下颏带：系在下颏上的带子。

(4) 后箍：在帽箍后部加有可调节的箍。

2. 分类

各种安全帽按不同材料、外形、作业场所进行分类，常用的有塑料帽、植物枝条编织帽、玻璃钢橡胶帽。

3. 安全帽的管理

(1) 企业必须购买有企业生产许可证、产品检验合格证的产品，购入的产品经验收后，方准使用。

(2) 安全帽不应储存在酸、碱、高温、日晒、潮湿等处所，更不可和硬物放在一起。

(3) 安全帽的使用期从产品制造完成之日计算，植物枝条编织帽不超过两年；塑料帽、纸胶帽不超过两年半；玻璃钢(维纶钢) 橡胶帽不超过三年半。

(4) 到期的安全帽，要进行抽查测试，合格后方可继续使用，以后每年抽查一次，抽查不合格则该批安全帽即报废。

(5) 每顶安全帽应有以下五项永久性标志：标准编号、制造厂名、生产日期（年、月)、产品名称、产品的特殊性能。

4. 安全帽的佩戴

(1) 帽衬与帽壳不能紧贴，应有一定间隙（帽衬顶部间隙为 20～50 mm，四周为 5～20 mm)。

(2) 当有物料坠落到安全帽壳上时，帽衬可起到缓冲作用，不使颈椎受到伤害。

(3) 必须系紧下颏带。当人体发生坠落时，由于安全帽戴在头部，起到对头部的保护作用。

(4) 进入施工现场必须佩戴安全帽。

二、安全带

安全带是高处作业工人预防坠落伤亡的防护用品。由带子、绳子和金属配件组成，总称安全带。

1. 安全带的组成

常用安全带由吊绳、安全绳、自锁钩、缓冲器、速差式自控器等组成。

(1) 安全绳是安全带上保护人体不坠落的系绳。

(2) 吊绳是自锁钩使用的绳，要预先挂好。垂直、水平和倾斜均可。自锁钩在绳上可自由移动，能适应不同作业点工作。

(3) 自锁钩是装有自锁装置的钩。在人体坠落时，能立即卡住吊绳，防止坠落。

(4) 缓冲器当人体坠落时，能减少人体受力，吸收部分冲击能量的装置。

(5) 速差式自控器是装有一定长度绳索的盒子。作业时可随意拉出绳索使用。坠落时，因速度的变化，引起自控，称为速差式自控器。

2. 安全带的分类

常用的安全带有围杆作业安全带、悬挂作业安全带。围杆作业安全带适用于电工、电信工、园林工等杆上作业。悬挂作业安全带适用于建筑、造船、安装等企业。

3. 安全管理

(1) 企业必须购买有企业生产许可证、产品检验合格证的产品，购入的产品经验收后，方准使用。

(2) 安全带使用两年后，按批量购入情况，抽试一次。若不破断，该批安全带可继续使用。对抽试过的样带，必须更换安全绳后才能继续使用。

（3）金属配件上应打上制造厂的代号。

（4）安全带的带体上应缝上永久字样的商标、合格证和检验证。

（5）合格证应注明：产品名称，生产年月，拉力试验 4 412.7 N（450 kgf），冲击质量 100 kg，制造厂名，检验员姓名等。

（6）每条安全带装在一个塑料袋内。袋上印有：产品名称，生产年月，静负荷 4 412.7 N（450 kgf），冲击质量 100 kg，制造厂名称，及使用保管注意事项。

（7）安全带使用期为 3～5 年，发现异常应提前报废。

4. 安全带的使用

（1）安全带应高挂低用，注意防止摆动碰撞。使用 8 m 以上长绳应加缓冲器，自锁钩用吊绳例外。

（2）缓冲器、速差式装置和自锁钩可以串联使用。

（3）不准将绳打结使用。也不准将钩直接挂在安全绳上使用，应挂在连接环上用。

（4）安全带上的各种部件不得任意拆掉。更换新绳时要注意加绳套。

（5）使用频繁的绳，要经常做外观检查，发现异常时，应立即更换新绳。

（6）运输过程中，要防止日晒、雨淋。

（7）搬运时，不准使用有钩刺的工具。

(8) 安全带应储藏在干燥、通风的仓库内，不准接触高温、明火、强酸和尖锐的坚硬物体，也不准长期暴晒。

(9) 在无法直接挂设安全带的地方，应设置挂安全带的安全拉绳、安全栏杆等。

三、安全网

工程施工过程中，为防止落物和减少污染，必须采用密目式安全网对建筑物进行全封闭。

1. 安全网的分类

根据功能，安全网分为三类：

(1) 平网。安装平面不垂直于水平面，主要用来防止人、物坠落，或用来避免、减轻坠落及物击伤害的网具。

(2) 立网。安装平面垂直于水平面，主要用来防止人或物的坠落。

(3) 密目式安全立网。垂直于水平面安装，用于防止人员坠落及坠物伤害，同时起环境保护和美化环境的作用。

2. 安全网的规格和外观构造

(1) 立网和平网

1) 标记。安全网标记由名称、类别、规格三个部分组成，字母P、L、ML分别代表平网、立网及密目式安全立网。

标记示例：

示例1：宽3 m，长6 m锦纶平网：

P—3×6 GB 5725

示例 2：宽（高）4 m，长 6 m 阻燃维纶立网：

L—4×6 GB 5725

2）网目尺寸。平网网目边长不得大于 10 cm。立网网目密度不低于 800 目/100 cm^2。立网各边缘部位的开眼环扣必须牢固可靠。环扣孔径不低于 8 mm。

(2) 密目式安全立网

1）标记。标记由产品代号（ML)、规格组成。

标记示例：

宽 1. 8 m，长 6 m 的密目或安全立网

ML—1. 8×6. 0 GB 16909

2）外观及构造要求：

缝线不得有跳针、漏缝，缝边应均匀；

每张密目网允许有一个缝接，缝接部位应端正牢固；

不得有断纱、破洞、变形及有碍使用的编织缺陷；

网目密度不应低于 2 000 目/100 cm^2；

密目网各边缘部位的开眼环扣必须牢固可靠；

环扣孔径不低于 8 mm。

3. 安全网的使用与管理

(1) 企业必须购买有企业生产许可证、产品检验合格证的产品，购入的产品经验收后，方准使用。

(2) 同一张安全网上的同种构件的材料、规格和制作方法

须一致，外观应平整。

(3) 平网宽度不得小于 3 m，立网宽（高）度不得小于 1.2 m，密目式安全立网宽（高）度不得小于 1.2 m。产品规格偏差允许在±2%以下。每张安全网质量一般不宜超过 15 kg。

(4) 菱形或方形网目的安全网，其网目边长不大于 8 cm。

(5) 边绳与网体连接必须牢固，平网边绳断裂强力不得小于 7 000 N；立网边绳断裂强力不得小于 3 000 N。

(6) 系绳沿网边均匀分布，相邻两系绳间距平网、立网小于等于 0.75 m，密目式安全立网小于等于 0.45 m。长度不小于 0.8 m。当筋绳、系绳合一使用时，系绳部分必须加长，且与边绳系紧后，再折回边绳系紧，至少形成双根。

(7) 筋绳分布应合理，平网上两根相邻筋绳的距离不小于 30 cm，筋绳的断裂强力不大于 3 000 N。

(8) 每张密目网必须有永久性标牌，包括：产品名称；产品标记；商标；制造厂名、厂址；制造批号、生产日期；工业产品生产许可证编号。

(9) 密目网的安装平面垂直于水平面，严禁作为安全平网使用。

(10) 旧密目网再次使用时必须经过耐冲击性能检验和耐贯穿性检验，无检验条件的单位可以到国家认可的质检部门检验，合格后方可使用。

（11）安装时，密目网上的每个环扣都必须穿入符合规定的纤维绳，允许使用强力及其他性能不低于标准规定的其他绳索（如钢丝绳或金属线）代替，系绳绑在支撑物（或架）上，应符合打结方便、连接牢固、易于拆卸的原则。

（12）密目网边缘与作业人员工作面应贴紧密合。

（13）密目网使用时必须避免发生下列现象：粗糙或有锐边（角）的表面拖拉；人倚靠或将物品堆积压向密目网；大量焊接火花落入密目网；密目网周围有严重的腐蚀性烟雾。

（14）密目网在使用中至少每周进行一次检查，当发现下列情况时应及时进行修理或更换：严重的变形或磨损；断裂或破洞；霉变；系绳松脱；搭接处脱开。

（15）密目网使用中允许进行修理，修理后强度不低于原密目网强度，修后必须经专人检验合格方可继续使用。

（16）应经常清除靠近密目网及平网上的附着物，保持网的清洁。

（17）在保护区域的作业停止后，方可拆除密目网。

（18）拆除应在有关人员严密监督下进行，拆除时要根据现场条件采取有关防坠落措施。

（19）安全网与架体连接不宜绷得太紧，系结点要沿边分布均匀、绑牢。

（20）施工现场立网必须选用密目式安全网。

习题

1. 高处作业的定义是什么？举例说明。

2. 高处作业常见的事故类型及预防措施。

3. 安全帽如何正确佩戴？

4. 安全带如何正确使用？

5. 安全网如何正确使用？

第五章　施工现场消防安全常识

随着经济不断发展和城市建设的不断加快，建筑工程项目不断增多，建筑工地众多而繁忙，加上新材料、新结构、新技术不断出现并被广泛应用，建筑施工现场出现了大量的火灾隐患。一旦发生火灾，极易造成重大人员伤亡和经济损失，给社会公共安全和人民生命财产安全带来极大危害。

第一节　消防安全基本概念

火灾是火失去控制蔓延而形成的一种灾害性燃烧现象，它通常造成人或物的损失。“火三角”是助燃剂、可燃物和引火源的简称，也叫火灾三要素。这三个条件缺少任何一个，则火灾燃烧不能发生和维持，因此“火三角”是火灾燃烧的必要条件。

一、火灾的分类和特点

1. 火灾的分类

按发生地点，火灾通常分为森林火灾、建筑火灾、工业火灾、城市火灾等。森林火灾是指在森林和草原发生的火灾，它包括地下火、地表火、树冠火等形式，具有大尺度、开放性等特点。建筑火灾是建筑物内发生的火灾，往往在受限空间中蔓延，具有多种发展方式和火行为。工业火灾指工业场所，尤其是油类生产、加工和储存场所发生的火灾，这类火灾往往蔓延迅速，火强度大。城市火灾是城市中发生的火灾，由于城市中建筑和植被邻接、混杂在一起，城市既有建筑火灾的特点，又有森林火灾的特点。

按燃料性质，火灾又可分为 A 类、B 类、C 类和 D 类火灾。A 类火灾是固体物质火灾；B 类火灾为液体或可熔化的固体火灾；C 类火灾为气体火灾；D 类火灾为金属火灾。

2. 不同可燃物燃烧的过程

火灾中气态可燃物通常为扩散燃烧，即可燃物和氧气边混合边燃烧；液态可燃物（包括受热后先液化后燃烧的固态可燃物）通常先是蒸发为可燃蒸气，可燃蒸气与氧化剂再发生燃烧；固态可燃物先是通过热解等过程产生可燃气体，可燃气体与氧化剂再发生燃烧。

3. 火灾发生的特点

（1）火旋风。由于风向、地理形态、建筑物的影响，火灾在蔓延的过程中会形成旋转火焰，即火旋风。它通常分为垂直火旋风和水平火旋风，它的出现使得火蔓延速度和火强度大大增加。

（2）轰燃。轰燃的常见定义有：室内火灾由局部火向大火的转变，转变完成后室内所有可燃物表面都开始燃烧；室内燃烧由燃料控制向通风控制的转变，转变使得火灾由发展期进入最盛期；在室内顶棚下方积聚的未燃气体或蒸汽突然着火而造成火焰迅速扩展。

在工程上应用最广的两个轰燃判据为：上层热烟气平均温度达到 600℃；地面处接受的热流密度达到 20 kW/m²。满足这两个条件时，通常可燃物可以发生轰燃。影响轰燃发生最重要的两个因素是辐射和对流情况，也就是上层烟气的热量得失关系，如果接收的热量大于损失的热量，则轰燃可以发生。轰燃的其他影响因素有：通风条件、房间尺寸和烟气层的化学性质等。

（3）回燃。由于开始时的燃烧过程以及燃烧结束后的高温环境，使室内可燃物仍然进行着热解反应，室内会逐渐积聚大量的可燃气体，此时一旦通风条件改善，空气会以重力流的形式补充进来与室内的可燃气体混合。当混合气被灰烬点燃后，就会形成大强度、快速的火焰传播，在室内燃烧的同时，在通风口外形成巨大的火球，从而同时对室内和室外造成危害，这种“死灰复燃”现象就称为回燃。回燃具有隐蔽性和突发性，因此对生命财产安全危害极大。

二、常见燃烧相关概念的定义

（1）闪点。在规定条件下，材料或制品加热到释放出的气体瞬间着火并出现火焰的最低温度。

（2）燃点。在规定的条件下，用标准火焰使材料引燃并继续燃烧一段时间所需的最低温度。

（3）自燃点。在规定条件下，不用任何辅助引燃能源而达到引燃的最低温度。

（4）闪燃。可燃物表面或上方在很短时间内（0～1 s）重复出现火焰一闪即灭的现象。

（5）阴燃。没有火焰和可见光的燃烧。

（6）爆燃。伴随爆炸的燃烧波，以亚音速传播。

（7）自燃。由于自加热引起的自发引燃。自加热可以是内部发热反应引起的温度升高，也可以是由于通电发热而产生的温度升高。

三、火灾的发展变化及其防治途径

火灾发展变化一般由初起期、发展期、最盛期和熄灭期四阶段。

火灾防治途径一般分为设计与评估、阻燃、火灾探测、灭火等。在建筑及工程的设计阶段就可以考虑到火灾安全，进行安全设计，对已有的建筑和工程可以进行危险性评估，从而确定人员和财产的火灾安全性能。对于建筑材料和结构可以进行阻燃处理，降低火灾发生的概率和发展的速率。一旦火灾发生，要准确、及时地发现它，并克服误报警因素。发现火灾之后，要合理配置资源，迅速、安全地扑灭火灾。目前，火灾防治的趋势是“清洁阻燃、智能探测、清洁高效灭火、智能化设计与评估”。火灾防治途径环环相扣，构成了火灾防治系统。

1. 阻燃

对于材料和结构可以进行阻燃处理，降低火灾发生的概率和发展的速率。阻燃剂按其使用方法分为反应型和添加型两种。

反应型阻燃剂是作为一种反应单体参加反应，使聚合物本身含有阻燃成分。多用于缩聚反应，如聚氨酯、不饱和聚酯、环氧树脂、聚碳酸酯等。反应型阻燃剂具有赋予组成物或聚合物永久阻燃性的优点。

添加型阻燃剂可分为有机阻燃剂和无机阻燃剂，它们和树脂进行机械混合后赋予树脂一定的阻燃性能，主要用于聚烯烃、聚氯乙烯、聚苯乙烯等树脂中。它的优点是使用方便、适应面广，但对聚合物的使用性能有较大的影响。

2. 火灾探测

在火灾的孕育与初期阶段，建筑物内会出现特殊现象或征兆，如发热、发光、发声及散发烟尘、可燃气体、特殊气味等。分析研究这些特征，用探测器探测这些特征，用于火灾报警或预报。

按照探测元件与探测对象的关系，火灾探测原理可分为接触式和非接触式两种基本类型。

（1）接触式探测。在火灾的初期阶段，烟气是反映火灾特征的主要方面。接触式探测就是利用某种装置直接接触烟气来实现火灾探测的，只有当烟气到达该装置所安装的位置时感受元件方可发生响应。烟气的浓度、温度、特殊产物的含量等都是探测火灾的常用参数。

（2）非接触式探测。非接触式火灾探测器主要是根据火焰或烟气的光学效果进行探测的。由于探测元件不必触及烟气，可以在离起火点较远的位置进行探测，所以探测速度较快，适宜探测那些发展较快的火灾。这类探测器主要有光束对射式探测器、感光（火焰）式探测器和图像式探测器。

第二节　灭火的基本原理

灭火一般是使着火物的温度降到着火点以下，或者阻止其与空气的化学反应。按照燃烧原理，一切灭火方法的原理是将灭火剂直接喷射到燃烧的物体上或者将灭火剂喷洒在火源附近的物质上，使其不因火焰热辐射作用而形成新的火点。

常见的灭火措施及其注意事项如下：

1. 冷却法灭火及其注意事项

运用冷却法灭火时，可考虑选择以下措施：

(1) 用大量的水冲泼火区来降温。

(2) 用二氧化碳灭火剂灭火。由于雪花状固体二氧化碳本身温度很低，接触火源时吸收大量的热，从而使燃烧区的温度急剧下降。

(3) 用水冷却火场上未燃烧的可燃物和生产装置，以防止它们被引燃或受热爆炸。

冷却法灭火时应注意如下问题：

(1) 可燃固体类火灾中，镁粉、铝粉、钛粉、锆粉等金属元素的粉末类火灾不可用水施救，因为这类物质着火时，可产生相当高的温度，高温可使水分子和空气中的二氧化碳分子分解，从而引起爆炸或使燃烧更加猛烈。如金属镁粉燃烧时可产生 2 500℃的高温，而空气中还存在大量二氧化碳，高温就会把二氧化碳分解成氧气和碳原子，这样氧化还原反应会更加剧烈。三硫化四磷、五硫化二磷等硫的磷化物遇水或潮湿空气，可分解产生易燃、有毒的硫化氢气体，所以也不可用水施救。还有遇湿易燃类物品如碱金属、碱土金属等着火，绝对不可以用水和含水的灭火剂施救，这类物质可以与水发生强烈的氧化还原反应，直接导致火灾事故的扩大。

(2) 氧化剂着火或被卷入火中，氧化剂中的过氧化物与水反应，能放出氧加速燃烧或者爆炸，如过氧化钾、过氧化钙、过氧化钡等。起火后不能用水扑救，要用干沙土、干粉扑救。

（3）密集的直流水用于扑救可燃粉尘（如煤粉、面粉等）聚集处的火灾时必须十分慎重。当直流水难以立即将全部高温物质降温时，有可能造成粉尘爆炸。因为粉尘原来处于聚集状态，燃烧从表面进行，但如果用直流水冲喷，在水流冲击作用下造成粉尘的扬起，形成粉尘的空气混合物，粉尘的表面积大量增加，化学活性增强，可以在没被扑灭的火星甚至火焰作用下发生更剧烈的燃烧、爆炸。

（4）比水轻的非水溶性可燃、易燃液体的火灾，原则上不用直流水扑救，如苯、甲苯等。若用水扑救，水会沉在液体下面形成喷溅、漂流，反而扩大火势。

（5）高温设备、高温铁水、盐浴炉和电解铝槽火灾不能用水扑救，因为有可能引起设备破裂、铁水飞溅，火灾范围扩大。冷水遇到高温熔融物还可能引起水急剧汽化，发生传热型蒸气爆炸，宜用水蒸气扑救。

（6）酸类腐蚀物品，遇加压密集水流，会立刻沸腾起来，使酸液四处飞溅，所以，发烟硫酸、氯磺酸、浓硝酸等发生火灾后，宜用雾状水、干沙土、二氧化碳扑救。

（7）当遇到未切断电源的电气火灾时，不能用直流水扑救，可能会引起更大的电气事故，宜使用干粉灭火剂灭火。

2. 窒息法灭火及其注意事项

运用窒息法灭火时，可考虑选择以下措施：

（1）可采用石棉被、浸湿的棉被、帆布、灭火毯等不燃或难燃材料，覆盖燃烧物或封闭孔洞。

(2) 用低倍数泡沫覆盖燃烧液面灭火。

(3) 用水蒸气、惰性气体（如二氧化碳、氮气等)、高倍数泡沫充入燃烧区域内。

(4) 利用建筑物上原有的门、窗以及生产储运设备上的部件，封闭燃烧区，阻止新鲜空气流入，以降低燃烧区氧气的含量，达到窒息灭火的目的。

(5) 在万不得已而条件又允许的情况下，也可采用水淹没(灌注) 的方法扑灭火灾。

窒息法灭火时应注意如下问题：

(1) 爆炸品一旦着火，一般只要不堆积过高，不装在密封的容器内，散装不一定会形成爆炸。炸药类燃烧（包括导火索、导爆索及炸药)，如用沙土等覆盖层压盖窒息灭火，会造成爆炸。因为炸药等爆炸物在燃烧时会自身产生氧气去维持燃烧，覆盖层根本隔绝不了氧气，反而造成炸药燃烧产生的大量气体的扩散和大量热量损失的困难。如果炸药类物质在房间内或在车厢、船舱内着火时，要迅速将门窗、厢门、舱盖打开，向内射水冷却，万万不可用窒息灭火。

(2) 敞口容器内可燃液体的燃烧。如果用布、棉被等物覆盖容器口，而不能接触到液体表面时，覆盖层与液体之间的空气内仍有一定的氧气维持燃烧，继续产生气体与热量，但因为容器被覆盖而扩散受阻，压力不断上升而引起爆炸。

(3) 在某些火灾场合使用泡沫灭火剂来覆盖着火物质也会扩大火灾事故。一部分毒害品中的氰化物，如氰化钠、氰化钾以及其他氰化物等，遇泡沫中酸性物质能生成剧毒气体氰化氢。爆炸品着火禁止使用酸碱泡沫灭火剂灭火，因为化学反应使爆炸更加剧烈。另外泡沫灭火剂中含有大量的水，所以，忌水性物质着火也不可以使用泡沫灭火剂。

(4) 遇水燃烧物品中锂、钠、钾、镁、铝粉等，禁止使用二氧化碳灭火剂窒息灭火，因为它们的金属性质十分活泼，能夺取二氧化碳中的氧，起化学反应而燃烧。还应避免使用二氧化碳及其他惰性气体扑救氧化剂火灾，由于氧化剂自身可以释放出氧气，所以，窒息法灭火是无效的。

(5) 采用惰性气体窒息灭火时，一定要保证充入燃烧区内惰性气体的数量，以迅速降低空气中氧的含量，窒息灭火。

(6) 在有条件的情况下，为阻止火势迅速蔓延，争取灭火战斗的准备时间，可先采取临时性的封闭窒息措施，降低燃烧强度，而后组织力量扑灭火灾。

(7) 在采取窒息方法灭火以后，必须在确认火已熄灭、温度下降时，方可打开孔洞进行检查，严防因过早地打开封闭的房间或生产装置，而使新鲜空气流入燃烧区，引起复燃或烟雾气流中的不完全燃烧产物的爆燃，导致火势猛烈地发展。

3. 隔离法灭火及其注意事项

运用隔离法灭火时，可考虑选择以下措施：

(1) 将火源附近的可燃、易燃、易爆和助燃物质，从燃烧区转移到安全地点。

(2) 关闭阀门，阻止气体、液体流入燃烧区；排除生产装置、设备容器内的可燃气体或液体。

(3) 设法阻拦流散的易燃、可燃液体或扩散的可燃气体。

(4) 拆除与火源相毗连的易燃建筑结构，形成防止火势蔓延的空间地带。

(5) 用水流或用爆炸等方法封闭井口，扑救油气井喷火灾。

隔离法灭火时应注意如下问题：

(1) 疏散火场的可燃物资可能夹带火种造成新的火场。如某棉麻仓库红麻堆垛发生火灾，被疏散出来的红麻里因夹带的暗火阴燃导致临时堆垛起火，造成比主火场更大的损失。

(2) 任何曾经卷入火中或暴露于高温下的有机过氧化物包件在隔离后，还会随时发生剧烈的分解，即使火已经扑灭，在包件未完全冷却之前，也不应接近这些包件，应用大量水冷却以防止爆炸事故的发生。

(3) 可燃物料泄漏火灾，无论使用何种灭火剂扑灭火灾时，都必须先切断气源或堵漏，如无可靠的断源、堵漏、倒液措施，只能在水枪冷却下让其稳定扩散燃烧，不可贸然灭火。否则火焰扑灭后可燃物料继续泄漏，形成更大范围内的可燃气体或蒸气与空气的混合物，产生这种情况是十分危险的，因为一旦再次燃烧爆炸，其剧烈程度更大，破坏更加严重。

（4）工厂发生气体泄漏类火灾，在关闭气路阀门前应确保容器内的压力保持正压，以防止空气进入引起爆炸。如江苏省盐城市某化肥厂氢气泄漏发生爆炸，其原因是紧急停车没有维持系统正压而吸入空气造成的。

4. 抑制法灭火及其注意事项

采用干粉、卤代烷灭火剂灭火，是抑制着火区内的连锁反应、减少自由基的灭火方法，灭火速度快，使用得当，可有效地扑灭初期火灾，减少人员和财产的损失。

抑制法灭火属于化学灭火方法，灭火剂参加燃烧反应。一些碱金属、碱土金属以及这些金属的化合物在燃烧时可产生高温，在高温下这些物质大部分可与卤代烷进行反应，使燃烧反应更加猛烈，故不能用其扑救，对含氧化学品也不适宜。

第三节　常见灭火器材及其使用

消防设施和器材是预防火灾和扑救火灾的重要设备和设施，必须按照国家消防技术规范的规定，定期对企业所有的消防设备和器材进行检验和维修，确保消防设施器材完好、有效。

一、灭火器的类型及其选择

1. 灭火器的类型

按充装灭火剂的种类不同，常用灭火器有水型灭火器、空气泡沫灭火器、干粉灭火器、二氧化碳灭火器、7150 灭火器。

(1) 水型灭火器。这类灭火器中充装的灭火剂主要是水，另外还有少量的添加剂。清水灭火器、强化液灭火器都属于水型灭火器，主要适用于扑救可燃固体类物质如木材、纸张、棉麻织物等的初起火灾。

(2) 空气泡沫灭火器。这类灭火器中充装的灭火剂是空气泡沫液。根据空气泡沫灭火剂种类的不同，空气泡沫灭火器又可分蛋白泡沫灭火器、氟蛋白泡沫灭火器、水成膜泡沫灭火器和抗溶泡沫灭火器等。主要适用于扑救可燃液体类物质如汽油、煤油、柴油、植物油、油脂等的初期火灾；也可用于扑救可燃固体类物质如木材、棉花、纸张等的初起火灾。对极性（水溶性）如甲醇、乙醚、乙醇、丙酮等可燃液体的初起火灾，只能用抗溶性空气泡沫灭火器扑救。

(3) 干粉灭火器。这类灭火器内充装的灭火剂是干粉。根据所充装的干粉灭火剂种类的不同，有碳酸氢钠干粉灭火器、钾盐干粉灭火器、氨基干粉灭火器和磷酸铵盐干粉灭火器。我国主要生产和发展碳酸氢钠干粉灭火器和磷酸铵盐干粉灭火器。碳酸氢钠适用于扑救可燃液体和气体类火灾，其灭火器又称 BC 干粉灭火器。磷酸铵盐干粉适用于扑救可燃固体、液体和气体类火灾，其灭火器又称 ABC 干粉灭火器。因此，干粉灭火器主要适用于扑救可燃液体、气体类物质和电气设备的初起火灾。ABC 干粉灭火器也可以扑救可燃固体类物质的初起火灾。

（4）二氧化碳灭火器。这类灭火器中充装的灭火剂是加压液化的二氧化碳。主要适用于扑救可燃液体类物质和带电设备的初起火灾，如图书、档案、精密仪器、电气设备等的火灾。

（5）7150 灭火器。这类灭火器内充装的灭火剂是 7150 灭火剂（即三甲氧基硼氧六环），主要适用于扑救轻金属如镁、铝、镁铝合金、海绵状钛以及锌等的初起火灾。

2. 灭火器的选择

（1）A 类火灾是普通可燃物如木材、布、纸、橡胶及各种塑料燃烧引起的火灾。对 A 类火灾，一般可采取水冷却灭火，但对于忌水物质，如布、纸等应尽量减少水渍所造成的损失。对珍贵图书、档案资料应使用二氧化碳灭火器、干粉灭火器灭火。

（2）B 类火灾是油脂及液体如原油、汽油、煤油、酒精等燃烧引起的火灾。对 B 类火灾，应及时使用泡沫灭火剂进行扑救，还可使用干粉灭火器、二氧化碳灭火器。

（3）C 类火灾是可燃气体如氢气、甲烷、乙炔燃烧引起的火灾。对 C 类火灾，因气体燃烧速度快，极易造成爆炸，一旦发现可燃气体着火，应立即关闭阀门，切断可燃气体来源，同时使用干粉灭火剂将气体燃烧火焰扑灭。

(4) D类火灾是可燃金属如镁、铝、钛、锆、钠和钾等燃烧引起的火灾。对D类火灾，燃烧时温度很高，水及其他普通灭火剂在高温下会因发生分解而失去作用，应使用专用灭火剂。金属火灾灭火剂有两种类型：一是液体型灭火剂，二是粉末型灭火剂。例如，用7150灭火剂扑救镁、铝、镁铝合金、海绵状钛等轻金属火灾，用原位膨胀石墨灭火剂扑救钠、钾等碱金属火灾。少量金属燃烧时，可用干沙、干的食盐、石粉等扑救。

二、常用灭火器的使用

1. 水型灭火器的使用

将清水或强化液灭火器提至火场，在距离燃烧物10 m处，将灭火器直立放稳。

(1) 摘下保险帽，用手掌拍击开启杆顶端的凸头。这时储气瓶的密膜片被刺破，二氧化碳气体进入筒体内，迫使清水从喷嘴喷出。

(2) 立即一只手提起灭火器，另一只手托住灭火器的底圈，将喷射的水流对准燃烧最猛烈处喷射。

(3) 随着灭火器喷射距离的缩短，使用者应逐渐向燃烧物靠近，使水流始终喷射到燃烧处，直到将火扑灭。

在喷射过程中，灭火器应始终与地面保持大致的垂直状态，切勿颠倒或横卧，否则，会使加压气体泄出而灭火剂不能喷射。

2. 空气泡沫灭火器的使用

使用时，手提空气泡沫灭火器提把迅速赶到火场。

（1）在距燃烧物 6 m 左右，先拔出保险销，一手握住开启压把，另一手握住喷枪，紧握开启压把，将灭火器密封开启，空气泡沫即从喷枪喷出。

（2）泡沫喷出后对准燃烧最猛烈处喷射。如果扑救的是可燃液体火灾，当可燃液体呈流淌状燃烧时，喷射的泡沫应由远而近地覆盖在燃烧液体上。当可燃液体在容器中燃烧时，应将泡沫喷射在容器的内壁上，使泡沫沿壁淌入可燃液体表面而加以覆盖。

应避免将泡沫直接喷射在容器内可燃液体表面上，以防止射流的冲击力将可燃液体冲出容器而扩大燃烧范围，增大灭火难度。

灭火时，应随着喷射距离的缩短，使用者逐渐向燃烧处靠近，并始终让泡沫喷射在燃烧物上，直至将火扑灭。在使用过程中，应紧握开启压把，不能松开。也不能将灭火器倒置或横卧使用，否则会中断喷射。

3. 二氧化碳灭火器的使用

二氧化碳灭火器的密封开启后，液态的二氧化碳在其蒸气压力的作用下，经虹吸管和喷射连接管从喷嘴喷出。由于压力的突然降低，二氧化碳液体迅速气化，但因气化需要的热量供不应求，二氧化碳液体在气化时不得不吸收本身的热量，结果一部分二氧化碳凝结成雪花状固体，温度下降至－78℃。所以，从灭火器喷出的是二氧化碳气体和固体的混合物。当雪花状的二氧化碳覆盖在燃烧物上时即刻气化（升华），对燃烧物有一定的冷却作用。但二氧化碳灭火时的冷却作用不大，而主要通过稀释空气，把燃烧区空气中的氧浓度降低到维持物质燃烧的极限氧浓度以下，从而使燃烧窒息。

(1) 手提式二氧化碳灭火器。使用时，手提灭火器的提把或把灭火器扛在肩上，迅速赶到火场。在距起火点大约 5 m 处放下灭火器。

1）一只手握住喇叭形喷筒根部的手柄，把喷筒对准火焰，另一只手压下压把，二氧化碳就喷射出来。

2）当扑救流淌液体火灾时，应使二氧化碳射流由近而远向火焰喷射。如果燃烧面积较大，操作者可左右摆动喷筒，直至把火扑灭。

3）当扑救容器内火灾时，应从容器上部的一侧向容器内喷射，但不要使二氧化碳直接冲击到液面上，以免将可燃物冲出容器而扩大火灾。

(2) 推车式二氧化碳灭火器。一般应由两人操作。先把灭火器拉到或推到火场，在距起火点大约 10 m 处停下。

1）一人迅速卸下安全帽，然后逆时针方向旋转手轮，把手轮开到最大位置。

2）另一人则迅速取下喇叭喷筒，展开喷射软管后，双手紧握喷筒根部的手柄，把喇叭喷筒对准火焰喷射，其灭火方法与手提式灭火器相同。

手提式二氧化碳灭火器在喷射过程中应保持直立状态，切不可平放或颠倒使用。当不戴防护手套时，不要用手直接握喷筒或金属管，以防冻伤。在室外使用时应选择在上风方向喷射，否则，室外大风会将喷射的二氧化碳气体吹散，灭火效果很差。在狭小的室内空间使用时，灭火后使用者应迅速撤离，以防被二氧化碳窒息而发生意外。室内火灾扑灭后，应先打开门窗通风，然后再进入，以防窒息。

4. 7150 灭火器的使用

使用时，手提灭火器的提把迅速赶到火场，在距离起火点 2 m 左右处停下。

(1) 一只手紧握导管末端的提把，把喷雾头对准火焰中心。

(2) 另一只手拨出保险销，紧握提把，用力压下压把开关，灭火剂便在氮气压力作用下，沿虹吸管进入喷枪，从喷雾头喷射出来。

喷射时要使喷雾头在火焰上方 1 m 左右，不断前后移动，将灭火剂均匀地喷洒在燃烧物表面上，使火焰熄灭。喷射时不能将喷嘴直接接触燃烧着的金属，以防止吹散，扩大火势，影响灭火效果。灭火时，使用者应采取适当的防护措施，以免金属爆燃而烧伤。

第四节　施工现场消防安全管理常识

企业应建立施工现场消防安全责任制度，确定消防安全负责人。加强对施工人员的消防教育培训，落实动火、用电、易燃可燃材料等消防管理制度和操作规程。保证在建工程竣工验收前消防通道、消防水源、消防设施和器材、消防安全标志等完好有效。

一、防火管理一般规定

1. 责任制管理

施工现场的消防安全管理由施工单位负责。实行施工总承包的，由总承包单位负责。分包单位应向总承包单位负责，并应服从总承包单位的管理，同时应承担国家法律、法规规定的消防责任和义务。

监理单位应对施工现场的消防安全管理实施监理。施工单位应根据建设项目规模、现场消防安全管理的重点，在施工现场建立消防安全管理组织机构及义务消防组织，并应确定消防安全负责人和消防安全管理人，同时应落实相关人员的消防安全管理责任。

2. 消防安全管理制度

施工单位应针对施工现场可能导致火灾发生的施工作业及其他活动，制订消防安全管理制度。消防安全管理制度应包括下列主要内容：

（1）消防安全教育与培训制度；

（2）可燃及易燃易爆危险品管理制度；

（3）用火、用电、用气管理制度；

（4）消防安全检查制度；

（5）应急预案演练制度。

3. 防火技术方案

施工单位应编制施工现场防火技术方案，并应根据现场情况变化及时对其修改、完善。防火技术方案应包括下列主要内容：

（1）施工现场重大火灾危险源辨识；

（2）施工现场防火技术措施；

（3）临时消防设施、临时疏散设施配备；

（4）临时消防设施和消防警示标志布置图。

4. 应急疏散预案

施工单位应编制施工现场灭火及应急疏散预案。灭火及应急疏散预案应包括下列主要内容：

（1）应急灭火处置机构及各级人员应急处置职责；

（2）报警、接警处置的程序和通信联络的方式；

（3）扑救初起火灾的程序和措施；

(4) 应急疏散及救援的程序和措施。

5. 消防安全教育培训

施工人员进场前，施工现场的消防安全管理人员应向施工人员进行消防安全教育和培训。防火安全教育和培训应包括下列内容：

(1) 施工现场消防安全管理制度、防火技术方案、灭火及应急疏散预案的主要内容；

(2) 施工现场临时消防设施的性能及使用、维护方法；

(3) 扑灭初起火灾及自救逃生的知识和技能；

(4) 报火警、接警的程序和方法。

6. 消防安全技术交底

施工作业前，施工现场的施工管理人员应向作业人员进行消防安全技术交底。消防安全技术交底应包括下列主要内容：

(1) 施工过程中可能发生火灾的部位或环节；

(2) 施工过程应采取的防火措施及应配备的临时消防设施；

(3) 初起火灾的扑救方法及注意事项；

(4) 逃生方法及路线。

7. 消防安全检查

施工过程中，施工现场的消防安全负责人应定期组织消防安全管理人员对施工现场的消防安全进行检查。消防安全检查应包括下列主要内容：

(1) 可燃物及易燃易爆危险品的管理是否落实；

(2) 动火作业的防火措施是否落实；

(3) 用火、用电、用气是否存在违章操作，电、气焊及保温防水施工是否执行操作规程；

(4) 临时消防设施是否完好有效；

(5) 临时消防车道及临时疏散设施是否畅通。

施工单位应依据灭火及应急疏散预案，定期开展灭火及应急疏散的演练。

施工单位应做好并保存施工现场消防安全管理的相关文件和记录，建立现场消防安全管理档案。

二、可燃物及易燃易爆危险品管理

用于在建工程的保温、防水、装饰及防腐等材料的燃烧性能等级，应符合设计要求。

可燃材料及易燃易爆危险品应按计划限量进场。进场后，可燃材料宜存放于库房内，如露天存放时，应分类成垛堆放，垛高不应超过 2 m，单垛体积不应超过 50 m^3，垛与垛之间的最小间距应不小于 2 m，且采用不燃或难燃材料覆盖。易燃易爆危险品应分类专库储存，库房内通风良好，并设置严禁明火标志。

室内使用油漆及其有机溶剂、乙二胺、冷底子油或其他可燃、易燃易爆危险品的物资作业时，应保持良好通风，作业场所严禁明火，并应避免产生静电。

施工产生的可燃、易燃建筑垃圾或余料，应及时清理。

三、用火、用电、用气管理

1. 用火管理

施工现场用火，应符合下列要求：

(1) 动火作业应办理动火许可证。动火许可证的签发人收到动火申请后，应前往现场查验并确认动火作业的防火措施落实后，方可签发动火许可证。

(2) 动火操作人员应具有相应资格。

(3) 焊接、切割、烘烤或加热等动火作业前，应对作业现场的可燃物进行清理。对于作业现场及其附近无法移走的可燃物，应采用不燃材料对其覆盖或隔离。

(4) 施工作业安排时，宜将动火作业安排在使用可燃建筑材料的施工作业前进行。确需在使用可燃建筑材料的施工作业之后进行动火作业，应采取可靠的防火措施。

(5) 裸露的可燃材料上严禁直接进行动火作业。

(6) 焊接、切割、烘烤或加热等动火作业，应配备灭火器材，并设动火监护人进行现场监护，每个动火作业点均应设置一个监护人。

(7) 五级（含五级）以上风力时，应停止焊接、切割等室外动火作业，否则应采取可靠的挡风措施。

(8) 动火作业后，应对现场进行检查，确认无火灾危险后，动火操作人员方可离开。

(9) 具有火灾、爆炸危险的场所严禁明火。

(10) 施工现场不应采用明火取暖。

(11) 厨房操作间炉灶使用完毕后，应将炉火熄灭，排油烟机及油烟管道应定期清理油垢。

2. 用电管理

施工现场用电，应符合下列要求：

(1) 施工现场供用电设施的设计、施工、运行、维护应符合现行国家标准《建设工程施工现场供用电安全规范》（GB 50194）的要求。

(2) 电气线路应具有相应的绝缘强度和机械强度，严禁使用绝缘老化或失去绝缘性能的电气线路，严禁在电气线路上悬挂物品。破损、烧焦的插座、插头应及时更换。

(3) 电气设备与可燃、易燃易爆和腐蚀性物品应保持一定的安全距离。

(4) 有爆炸和火灾危险的场所，按危险场所等级选用相应的电气设备。

(5) 配电屏上每个电气回路应设置漏电保护器、过载保护器，距配电屏 2 m 范围内不应堆放可燃物，5 m 范围内不应设置可能产生较多易燃易爆气体、粉尘的作业区。

(6) 可燃材料库房不应使用高热灯具，易燃易爆危险品库房内应使用防爆灯具。

（7）普通灯具与易燃物距离应不小于 300 mm；聚光灯、碘钨灯等高热灯具与易燃物距离应不小于 500 mm。

（8）电气设备不应超负荷运行或带故障使用。

（9）禁止私自改装现场供用电设施。

（10）应定期对电气设备和线路的运行及维护情况进行检查。

3. 用气管理

施工现场用气，应符合下列要求：

（1）储装气体的罐瓶及其附件应合格、完好和有效；严禁使用减压器及其他附件缺损的氧气瓶，严禁使用乙炔专用减压器、回火防止器及其他附件缺损的乙炔瓶。

（2）气瓶运输、存放、使用时，应符合下列规定：

1）气瓶应保持直立状态，并采取防倾倒措施，乙炔瓶严禁横躺卧放；

2）严禁碰撞、敲打、抛掷、滚动气瓶；

3）气瓶应远离火源，距火源距离不应小于 10 m，并应采取避免高温和防止暴晒的措施；

4）燃气储装瓶罐应设置防静电装置。

（3）气瓶应分类储存，库房内通风良好。空瓶和实瓶同库存放时，应分开放置，两者间距不应小于 1.5 m。

（4）气瓶使用时，应符合下列规定：

1）使用前，应检查气瓶及气瓶附件的完好性，检查连接气路的气密性，并采取避免气体泄漏的措施，严禁使用已老化的橡皮气管。

2）氧气瓶与乙炔瓶的工作间距不应小于 5 m，气瓶与明火作业点的距离不应小于 10 m。

3）冬季使用气瓶，如气瓶的瓶阀、减压器等发生冻结，严禁用火烘烤或用铁器敲击瓶阀，禁止猛拧减压器的调节螺丝。

4）氧气瓶内剩余气体的压力不应小于 0.1 MPa；

5）气瓶用后，应及时归库。

2010 年 11 月 15 日，上海市静安区胶州路 728 号公寓大楼发生特别重大火灾事故，造成 58 人死亡，71 人受伤，直接经济损失 1.58 亿元。

该起特别重大火灾事故是一起因企业违规造成的责任事故。事故的直接原因：在胶州路 728 号公寓大楼节能综合改造项目施工过程中，无证上岗的施工人员违规在 10 层电梯前室北窗外进行电焊作业，电焊溅落的金属熔融物引燃下方 9 层位置脚手架防护平台上堆积的聚氨酯保温材料碎块、碎屑引发火灾。事故的间接原因：建设单位、投标企业、招标代理机构相互串通、虚假招标和转包、违法分包；工程项目施工组织管理混乱；设计企业、监理机构工作失职；市、区两级建设主管部门对工程项目监督管理缺失等。

四、其他施工消防安全管理

施工现场的重点防火部位或区域，应设置防火警示标志。

施工单位应做好施工现场临时消防设施的日常维护工作，对已失效、损坏或丢失的消防设施，应及时更换、修复或补充。

临时消防车道、临时疏散通道、安全出口应保持畅通，不得遮挡、挪动疏散指示标志，不得挪用消防设施。

施工期间，临时消防设施及临时疏散设施不应被拆除。

施工现场严禁吸烟。

习题

1. 什么是火灾？火灾如何分类？
2. 常见的灭火措施有哪些？
3. 不同火灾扑救中应注意的事项有哪些？
4. 常见的灭火器材有哪些？如何使用？
5. 施工现场消防安全管理一般规定有哪些？

第六章　建筑施工常见作业工种安全常识

建筑工程施工包括架子工、电工、电气焊工、起重吊装工、支模工、混凝土工、油漆工、防水工、钢筋工、瓦工、抹灰工等工种，作业人员对各自从事工种的安全生产常识、安全操作规程都应该很好的掌握。

第一节　普通工种作业基本安全要求

施工现场作业工人应定期参加安全活动，加强安全施工的自我保护意识，做到自己不伤害自己，自己不伤害他人，自己不被他人伤害。

一、施工现场作业人员安全生产基本规定

(1) 凡从事建筑安装工程的各种工人必须严格遵守本工种安全操作技术规程。各类机械操作工及其他工种在操作各类机具时应严格遵守所操作机械和机具的安全操作规程。

(2) 参加施工的工人（包括学徒工、实习生和民工等），

要熟知本工种的安全技术操作规程，在操作中应坚守工作岗位，严禁酒后操作。

(3) 电工、焊工、司炉工、爆破工、架子工、塔吊司机和指挥，打桩机司机和各种机动车辆司机等特种作业人员，必须经过专门培训，经考试合格，取得特种作业人员操作证后方准进行本工种独立操作，非特殊工种持证人员严禁从事特殊工种施工。

(4) 作业工人进入施工现场，必须戴好安全帽并扣牢帽带。禁止穿拖鞋或赤脚。在没有防护设施的高空、悬崖和陡坡施工，必须系安全带。上下交叉作业有危险的出入口要有防护棚或其他隔离设施。距地面 2 m 以上操作要有防护栏杆、挡板或安全网。安全帽、安全带、安全网“三件宝”要定期检查，不符合要求的严禁使用。

(5) 施工现场的脚手架、防护设施、安全标志和警告牌，不得擅自拆动，需要拆动的，必须经工地施工负责人同意。

(6) 工作前必须检查机械、仪表、工具等，确认安全完好后方可使用。

(7) 施工机械和电气设备不得带病运转和超负荷作业，发生不正常情况应停机检查，不得在工作运转中进行检查和修理。

(8) 电气、仪表、管道和设备试运转，应严格按照单项安全技术措施进行，运转时不准擦洗和修理，严禁将头、手伸入机械行程范围内。各类施工机械应由持证机操工操作，其他人员不得无证操作，不得操作与工种无关的机具和机械。

(9) 从事高空作业要定期体检，经医生诊断，凡患高血压、心脏病、贫血病、癫痫病以及其他不适于高空作业疾病的，不得从事高空作业。

(10) 高空作业衣着要灵便，禁止穿硬底和带钉易滑的鞋。

(11) 高空作业所用材料要堆放平稳，工具应随手放入工具袋（套）内，上下传递物件禁止抛掷。

(12) 遇有恶劣气候（如风力在六级以上）影响施工安全时，禁止进行露天、高空、起重和打桩作业。

(13) 梯子不得缺档，不得垫高使用，梯子横档间距以30 cm为宜，使用时上端、下端都应扎牢，下端应采取防滑措施。人字梯底脚要拉牢，在通道处使用梯子应有人监护或设置围栏。单面梯与地面夹角以60°～70°为宜，梯下应有专人监护，禁止二人同时在梯上作业。所有使用人字梯和单面梯在2 m以上高空作业时，作业人员应戴好标准安全帽、系好安全带，安全带应生根可靠。

二、普通工安全技术操作规程

(1) 挖掘土方，两人操作间距保持2～3 m，并由上而下逐层挖掘，禁止采用掏洞的操作方法。

(2) 开挖沟槽、基坑等，应根据土质和挖掘深度放坡，必要时设置固壁支撑。挖出的泥土应堆放在沟边 1 m 以外，并且高度不得超过 1.5 m。

(3) 吊运土方，绳索、滑轮、钩子、箩筐等应完好牢固，起吊时垂直下方不得有人。

(4) 拆除固壁支撑应自下而上进行，填好一层，再拆一层，不得一次拆到顶。

(5) 使用蛙式打夯机，电源电缆必须完好无损。操作时，应戴好绝缘手套，严禁夯打电源线。在坡地或松土处打夯，不得背着牵引打夯机。停止使用应拉闸断电，始准搬运。

(6) 用手推车装运物料，应注意平稳，掌握重心，不得猛跑和撒把溜放，前后车距在平地不得少于 2 m，下坡不得少于 10 m。

(7) 从砖垛上取砖应由上而下阶梯式拿取，禁止一码拆到底或在下面掏取。整砖和半砖应分开传送。

(8) 脚手架上放砖的高度不准超过三层侧砖。

(9) 车辆未停稳，禁止上下和装卸物料，所装物料要垫好绑牢。开车厢板应站在侧面。

第二节　脚手架施工作业安全常识

脚手架的主要作用是在高处作业时提供堆料、短距离水平运输及作业人员在上面进行施工作业。高处作业的五种基本类型的安全隐患在脚手架上作业时都可能会发生。

一、脚手架的作用及常用架型

1. 脚手架的基本要求

(1) 要有足够的牢固性和稳定性，保证施工期间在所规定的载荷和气候条件下不产生变形、倾斜和摇晃。

(2) 要有足够的使用面积，满足堆料、运输、操作和行走的要求。

(3) 构造要简单，搭设、拆除和搬运要方便。

2. 脚手架的分类

脚手架的种类很多，按用途分为以下几种：

(1) 操作用脚手架。为施工操作提供高处作业条件的脚手架，包括结构脚手架、装修脚手架。

(2) 防护用脚手架。只用作安全防护的脚手架，包括各种护栏架和棚架。

(3) 承重、支撑用脚手架。用于材料的运转、存放、支撑以及其他承载用途的脚手架，如收料平台、模板支撑架和安装支撑架等。

3. 脚手架的搭设方式

脚手架按搭设方式可分为：扣件式钢管脚手架、门型钢管脚手架、碗扣式钢管架、附着升降脚手架、吊篮式脚手架、挂式脚手架。

二、脚手架搭设前的准备

每个工程施工都应有脚手架施工方案，及脚手架搭设安全技术交底。同时，全体作业人员要熟悉施工技术和作业要求，确定搭设方法。

搭设前要对钢管、扣件、脚手板等进行检查验收、不合格的产品不得使用。

经验收合格的构配件应按品种、规格分类，堆放整齐、平稳，堆放场地不得积水。

应清除搭设场地杂物，平整搭设场地，并使排水畅通。

当脚手架基础下有设备基础、管沟时，在脚手架使用过程中不应开挖，否则必须采取加固措施。

搭设前，班组长要带领作业人员对施工环境及所需工具、安全防护设施等进行检查，消除隐患后方可作业。

三、搭设作业中的安全常识

脚手架的搭设必须严格按脚手架施工方案和安全技术交底的要求进行。脚手架基础验收合格后，方可进行脚手架的搭设。

（1）底座安放应符合下列要求：

1）底座、垫板均应准确地放在定位线上；

2）垫板宜采用长度不少于 2 跨、厚度不小于 50 mm 的木垫板。

(2) 脚手架必须配合施工进度搭设，一次搭设高度不超过相邻连墙件以上两步。

(3) 每搭设完一步后，按规定校正步距、纵距、横距及立杆的垂直度。

(4) 立杆搭设应符合下列要求：

1）严禁外径 48 mm 与 51 mm 的钢管混用。

2）钢管脚手架的立杆应垂直稳放在金属底座或垫木上。

3）立杆接长除顶层顶步可采用搭接外，其余各层各步接头必须采用对接扣件连接。

4）相邻立杆的对接扣件不得在同一高度内，立杆上的对接扣件应交错布置。两根相邻立杆的接头不应设置在同步内，同步内隔一根立杆的两个相隔接头在高度方向错开的距离宜不小于 500 mm；各接头中心至主节点的距离宜不大于步距的 1/3。

搭接长度应不小于 1 m，应采用不少于 2 个旋转扣件固定，端部扣件盖板的边缘至杆端距离应不小于 100 mm。

5）开始搭设立杆时，应每隔 6 跨设置一根抛撑，直至连墙件安装稳定后，方可根据情况拆除。

6）当搭至有连墙件的构造点时，在搭设完该处的立杆、纵向水平杆、横向水平杆后，应立即设置连墙件。

7）立杆顶端宜高出女儿墙上皮 1 m，高出檐口上皮

1. 5 m。

(5) 纵向水平杆搭设应符合下列规定：

1) 纵向水平杆宜设置在立杆内侧，其长度宜不小于 3 跨；

2) 纵向水平杆接长宜采用对接扣件连接，也可采用搭接。对接、搭接应符合下列规定：

①纵向水平杆的对接扣件应交错布置：两根相邻纵向水平杆的接头不宜设置在同步或同跨内；不同步或不同跨两个相邻接头在水平方向错开的距离应不小于 500 mm；各接头中心至最近主节点的距离宜不大于纵距的 1/3（见图 6—1）。

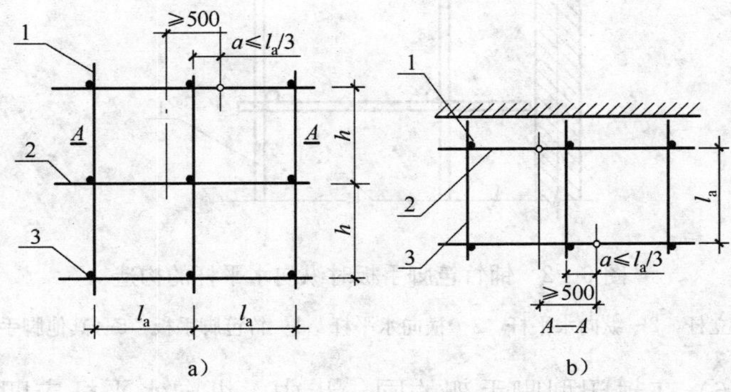

图 6—1　纵向水平杆对接接头布置

a）接头不在同步内（立面）　b）接头不在同跨内（平面）

1—立杆　2—纵向水平杆　3—横向水平杆

②搭接长度应不小于 1 m，应等间距设置 3 个旋转扣件固定，端部扣件盖板边缘至搭接纵向水平杆杆端的距离应不小于 100 mm。

③当使用冲压钢脚手板、木脚手板、竹串片脚手板时，纵向水平杆应作为横向水平杆的支座，用直角扣件固定在立杆上。当使用竹笆脚手板时，纵向水平杆应采用直角扣件固定在横向水平杆上，并应等间距设置，间距应不大于 400 mm（见图 6—2）。

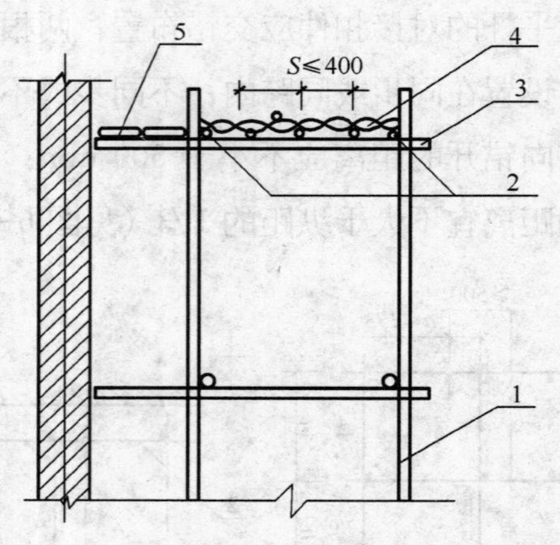

图 6—2　铺竹笆脚手板时纵向水平杆的构造

1—立杆　2—纵向水平杆　3—横向水平杆　4—竹笆脚手板　5—其他脚手板

(6) 在封闭型脚手架的同一步中，纵向水平杆应四周交圈，用直角扣件与内外角部立杆固定。

(7) 横向水平杆搭设应符合下列规定：

1) 主节点处必须设置一根横向水平杆，用直角扣件扣接且严禁拆除。主节点处两个直角扣件的中心距不应大于 150 mm。在双排脚手架中，靠墙一端的外伸长度 a（见图

6—3）应不大于 0.411 0，且应不大于 500 mm。

2）作业层上非主节点处的横向水平杆，宜根据支撑脚手板的需要等间距设置，最大间距不应大于纵距的 1/2。

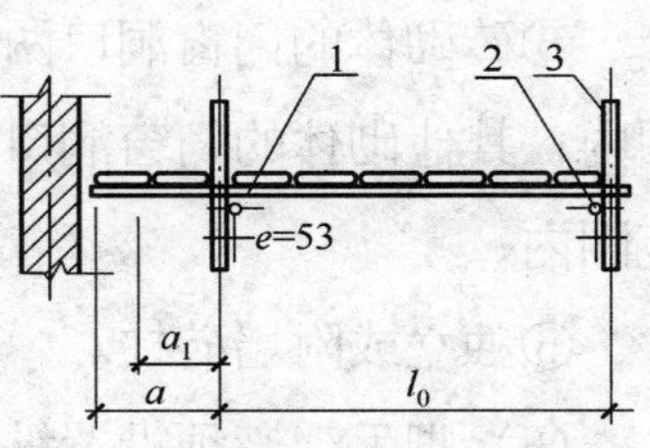

图 6—3　横向水平杆计算跨度

1—横向水平杆　2—纵向水平杆　3—立杆

3）当使用冲压钢脚手板、木脚手板、竹串片脚手板时，双排脚手架的横向水平杆两端均应采用直角扣件固定在纵向水平杆上。单排脚手架的横向水平杆的一端，应用直角扣件固定在纵向水平杆上，另一端应插入墙内，插入长度应不小于 180 mm。

4）使用竹笆脚手板时，双排脚手架的横向水平杆两端，应用直角扣件固定在立杆上；单排脚手架的横向水平杆的一端，应用直角扣件固定在立杆上，另一端应插入墙内，插入长度也应不小于 180 mm。

5）双排脚手架横向水平杆靠墙一端至墙装饰面的距离宜不大于 100 mm。

6）单排脚手架的横向水平杆不应设置在下列部位：

①设计上不允许留脚手眼的部位；

②过梁上与过梁两端成 60°的三角形范围内及过梁净跨度 1/2 的高度范围内；

③宽度小于 1 m 的窗间墙；

④梁或梁垫下及其两侧各500 mm的范围内；

⑤砖砌体的门窗洞口两侧200 mm和转角处450 mm的范围内；其他砌体的门窗洞口两侧300 mm和转角处600 mm的范围内；

⑥独立或附墙砖柱。

（8）脚手架必须设置纵、横向扫地杆。纵向扫地杆应采用直角扣件固定在距底座上皮不大于200 mm处的立杆上。横向扫地杆也应采用直角扣件固定在紧靠纵向扫地杆下方的立杆上。当立杆基础不在同一高度上时，必须将高处的纵向扫地杆向低处延长两跨与立杆固定，高低差不应大于1 m。靠边坡上方的立杆轴线到边坡的距离应不小于500 mm（见图6—4）。

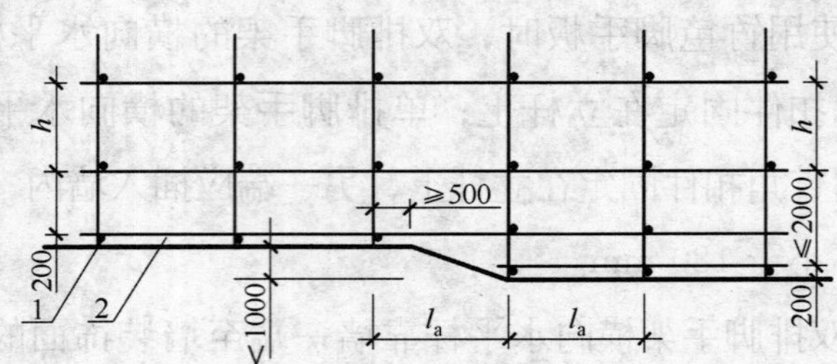

图6—4　纵、横向扫地杆构造

1—横向扫地杆　2—纵向扫地杆

（9）连墙件、剪刀撑、横向斜撑等的搭设应符合下列规定：

1）连墙件搭设：

①连墙件宜靠近主节点设置，偏离主节点的距离应不大于300 mm；

②连墙件应从底层第一步纵向水平杆处开始设置，当该处设置有困难时，应采用其他可靠措施固定；

③连墙件宜优先采用菱形布置，也可采用方形、矩形布置；

④连墙件一字形、开口型脚手架的两端必须设置连墙件，连墙件的垂直间距应不大于建筑物的层高，应不大于4 m（两步）。

⑤对高度在24 m以下的单、双排脚手架，宜采用刚性连墙件与建筑物可靠连接，也可采用拉筋和顶撑配合使用的附墙连接方式，严禁使用仅有拉筋的柔性连墙件。

⑥对高度24 m以上的双排脚手架，必须采用刚性连墙件与建筑物可靠连接。

⑦连墙件中的连墙杆或拉筋宜呈水平设置，当不能水平设置时，与脚手架连接的一端应下斜连接，应不采用上斜连接。

⑧连墙件必须采用可承受拉力和压力的构造。采用拉筋必须配用顶撑，顶撑应可靠地顶在混凝土圈梁、柱等结构部位。拉筋应采用两根以上（直径4 mm）的钢丝拧成一股，使用时不应小于2股；也可采用直径不小于6 mm的钢筋。

⑨当脚手架下部暂不能设连墙件时可搭设抛撑。抛撑应采用通长杆件与脚手架可靠连接，与地面的倾角应在45°～60°；

连接点中心至主节点的距离应不大于 300 mm。抛撑应在连墙件搭设后方可拆除。

⑩架高超过 40 m 且有风涡流作用时，应采取抗上升翻流作用的连墙措施。

当脚手架施工操作层高出连墙件 2 步时，应采取临时稳定措施，直到上一层连墙件搭设完后方可根据情况拆除。

2）剪刀撑搭设：

①双排脚手架应设剪刀撑与横向斜撑，单排脚手架应设剪刀撑。

②每道剪刀撑跨越立杆的根数宜按表 6—1 的规定确定。每道剪刀撑宽度不应小于 4 跨，且不应小于 6 m，斜杆与地面的倾角宜在 45°～60°。

表 6—1　剪刀撑跨越立杆的最多根数

剪刀撑斜杆与地面的倾角 a	45°	50°	60°
剪刀撑跨越立杆的最多根数 n	7	6	5

③高度在 24 m 以下的单、双排脚手架，均必须在外侧立面的两端各设置一道剪刀撑，并应由底至顶连接设置；中间各道剪刀撑之间的净距应不大于 15 m（见图 6—5）。

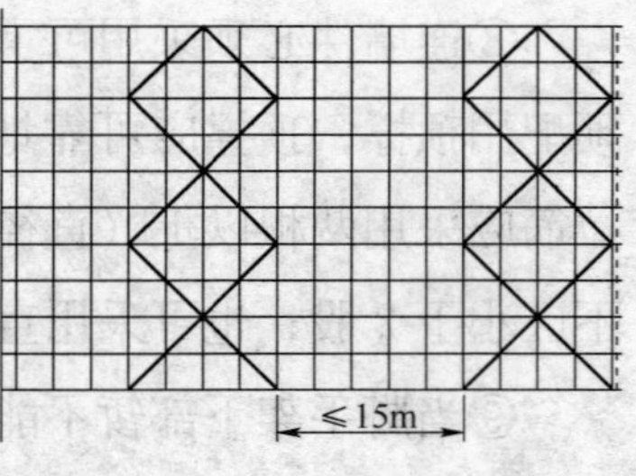

图 6—5　剪刀撑布置

④高度在 24 m 以上的双排脚手架应在外侧立面整个长度和高度上连续设置剪刀撑。

⑤剪刀撑斜杆的接长应采用搭接。

⑥剪刀撑斜杆应用旋转扣件固定在与之相交的横向水平杆的伸出端或立杆上，旋转扣件中心线至主节点的距离不宜大于 150 mm。

3）横向斜撑搭设：

①横向斜撑应在同一节间，由底至顶层呈之字形连续布置。

②一字形、开口型双排脚手架的两端均必须设置横向斜撑，中间宜每隔 6 跨设置一道。

③高度在 24 m 以下的封闭型双排脚手架可不设横向斜撑，高度在 24 m 以上的封闭型脚手架，除拐角应设置横向斜撑外，中间应每隔 6 跨设置一道。

④应随立杆、纵向和横向水平杆等同步搭设，各底层斜杆下端均必须支撑在垫块或垫板上。

(10）扣件安装应符合下列规定：

1）扣件规格必须与钢管外径相同。

2）螺栓拧紧扭力矩不应小于 40 N · m，且应不大于65 N · m。

3）在主节点处固定横向水平杆、纵向水平杆、剪刀撑、横向斜撑等用的直角扣件、旋转扣件的中心点的相互距离不应大于 150 mm。

4）对接扣件开口应朝上或朝内。

5）各杆件端头伸出扣件盖板边缘的长度不应小于 100 mm。

(11) 作业层、斜道的栏杆和挡脚板的搭设应符合下列规定(见图 6—6)：

1）栏杆和挡脚板均应搭设在外立杆的内侧。

2）上栏杆上皮高度应为 1.2 m。

3）挡脚板高度应不小于 180 mm。

4）中栏杆应居中设置。

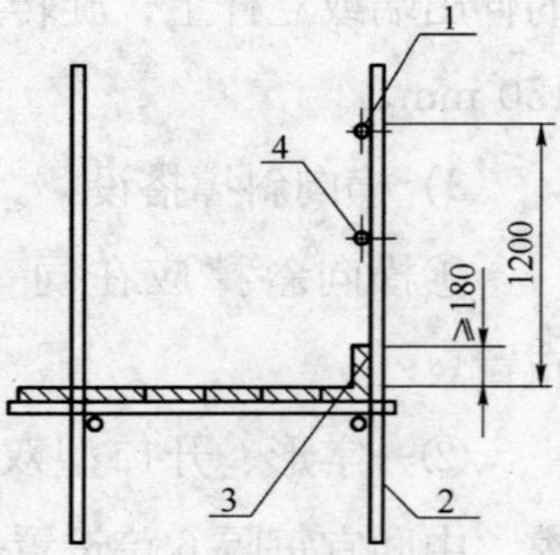

图 6—6　栏杆与挡脚板构造

1—上栏杆　2—外立杆

3—挡脚板　4—中栏杆

(12) 脚手板的铺设应符合下列规定：

1）脚手板应铺满、铺稳，离开墙面 120～150 mm。

2）冲压钢脚手板、木脚手板、竹串片脚手板等，应设置在三根横向水平杆上。当脚手板长度小于 2 m 时，可采用两根横向水平杆支撑，但应将脚手板两端与其可靠固定。严防倾翻。此三种脚手板的铺设可采用对接平铺，也可采用搭接铺设。脚手板对接平铺时，接头处必须设两根横向水平杆。脚手板外伸长为 130～150 mm，两块脚手板外伸长度的和应不大于

300 mm（见图 6—7a）；脚手板搭接铺设时，接头必须支在横向水平杆上（搭接长度应大于 200 mm），其伸出横向水平杆的长度应不小于 100 mm（见图 6—7b）。

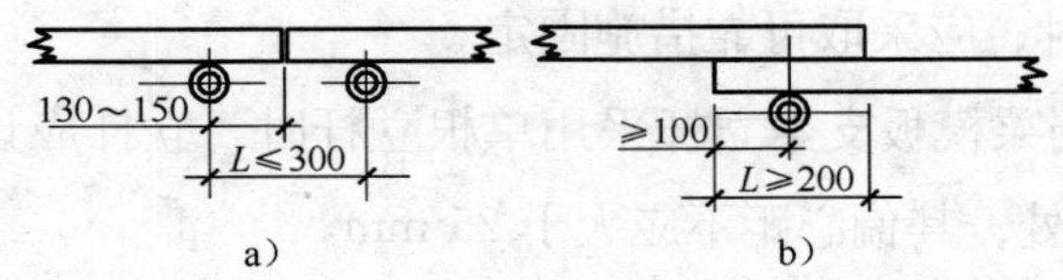

图 6—7　脚手板对接、搭接构造

a）脚手板对接　b）脚手板搭接

3）竹笆脚手板应按其主竹筋垂直于纵向水平杆方向铺设，且采用对接平铺，四个角应用直径 1.2 mm 的镀锌钢丝固定在纵向水平杆上。

4）作业层端部脚手板探头长度应取 150 mm，脚手板探头应用直径 32 mm 的镀锌钢丝固定在支撑杆件上。

5）在拐角、斜道平台口处的脚手板，应与横向水平杆可靠连接，防止滑动。

6）自顶层作业层的脚手板往下计，宜每隔 12 m 满铺一层脚手板。

7）翻脚手板应由两人从里往外按顺序进行，在铺第一块或翻到最外一块脚手板时，必须挂牢安全带。

（13）模板支架立杆的构造除符合上述有关要求外，应符合下列规定：

1）支架立杆应竖直设置，2 m 高度的垂直允许偏差为 15 mm。

2）设在支架立杆根部的可调底座，当其伸出长度超过 300 mm 时，应采取可靠措施固定。

3）当梁模板支架立杆采用单根立杆时，立杆应设在梁模板中心线处，其偏心距不应大于 25 mm。

(14）满堂模板支架的支撑设置应符合下列规定：

1）满堂模板支架四边与中间每隔四排支架立杆应设置一道纵向剪刀撑，由底至顶连续设置。

2）高于 4 m 的模板支架，其两端与中间，每隔 4 排立杆从顶层开始向下每隔 2 步设置一道水平剪刀撑。

四、脚手架拆除安全常识

(1）拆除脚手架前的准备工作应符合下列规定：

1）应全面检查脚手架的扣件连接、连墙件、支撑体系等是否符合构造要求；

2）应根据检查结果补充完善施工组织设计中的拆除顺序和措施，经主管部门批准后方可实施；

3）应由单位工程负责人进行拆除安全技术交底，并按其执行；

4）应清除脚手架上杂物及地面障碍物。

(2）拆除脚手架时，应符合下列规定：

1）拆除作业必须由上而下逐层进行，严禁上下同时作业；

2）连墙件必须随脚手架逐层拆除，严禁先将连墙件整层或数层拆除后再拆脚手架；分段拆除高差不应大于 2 步，如高差大于 2 步，应增设连墙件加固；

3）当脚手架拆至下部最后一根长立杆的高度（约 6.5 m）时，应先在适当位置搭设临时抛撑加固后，再拆除连墙件；

4）当脚手架采取分段、分立面拆除时，对不拆除的脚手架两端，应先按本规定设置连墙件和横向斜撑加固。

（3）卸料时应符合下列规定：

1）各构配件严禁抛掷至地面；

2）运至地面的构配件应按规定及时检查、整修与保养，并按品种、规格随时码堆存放。

五、脚手架检查与验收

1. 钢管检查与验收

（1）新钢管的检查应符合下列规定：

1）应有产品质量合格证及质量检验报告；

2）钢管表面应平直光滑，不应有裂缝、结疤、分层、错位、硬弯、毛刺、压痕和深的划道；

3）钢管外径、壁厚、端面等的偏差应分别符合表 3—2 的规定；

4）钢管必须涂有防锈漆。

（2）旧钢管的检查应符合下列规定：

1）表面锈蚀深度应符合相关的规定。锈蚀检查应每年一次。检查时，应在锈蚀严重的钢管中抽取三根，在每根锈蚀严重的部位横向截断取样检查，当锈蚀深度超过规定值时不得使用。

2）钢管弯曲变形应符合相关的规定。

2. 扣件的检查与验收

（1）新扣件应有生产许可证、法定检测单位的测试报告和产品质量合格证。

（2）旧扣件使用前应进行质量检查，有裂缝、变形的严禁使用，出现滑丝的螺栓必须更换。

（3）新、旧扣件均应进行防锈处理。

3. 脚手板的检查与验收

（1）冲压钢脚手板的检查应符合下列规定：

1）新脚手板应有产品质量合格证；

2）尺寸偏差应符合规范中的规定，且不得有裂纹、开焊与硬弯；

3）新、旧脚手板均应涂防锈漆。

（2）木脚手板的检查应符合下列规定：

木脚手板的宽度宜不小于 200 mm，厚度应不小于50 mm；其质量应符合规定；腐朽的脚手板不得使用。

4. 脚手架检查与验收

(1) 脚手架及其地基基础应在下列阶段进行检查与验收：

1) 基础完工后及脚手架搭设前；

2) 作业层上施加荷载前；

3) 每搭设完 10～13 m 高度后；

4) 达到设计高度后；

5) 遇有六级大风与大雨后，或寒冷地区开冻后；

6) 停用超过一个月。

(2) 脚手架使用中，应定期检查下列项目：

1) 杆件的设置和连接，连墙件、支撑、门洞桁架等的构造是否符合要求；

2) 地基是否积水，底座是否松动，立杆是否悬空；

3) 扣件螺栓是否松动；

4) 高度在 24 m 以上的脚手架，其立杆的沉降与垂直度的偏差是否符合规范要求；

5) 安全防护措施是否符合要求；

6) 是否超载。

(3) 安装后的扣件螺栓拧紧扭力矩应采用扭力扳手检查，抽样方法应按随机分布原则进行。不合格的必须重新拧紧，直至合格为止。

六、脚手架施工安全管理

脚手架搭设人员必须是经过按现行国家标准《特种作业人

员安全技术考核管理规则》考核合格的专业架子工。作业人员应定期体检，合格者方可持证上岗。

搭设脚手架人员必须戴安全帽、系安全带、穿防滑鞋。

脚手架的构配件质量与搭设质量，应按规范规定进行检查验收，合格后方准使用。

作业层上的施工荷载应符合设计要求，不得超载。不得将模板支架、缆风绳、泵送混凝土和砂浆的输送管等固定在脚手架上；严禁悬挂起重设备。

当有六级及六级以上大风和雾、雨、雪天气时应停止脚手架搭设与拆除作业。雨、雪后上架作业应有防滑措施，并应扫除积雪。

脚手架的安全检查与维护应按规定进行，安全网应按有关规定搭设或拆除。

在脚手架使用期间，严禁拆除下列杆件：

(1) 主节点处的纵、横向水平杆，纵、横向扫地杆。

(2) 连墙件。

不得在脚手架基础及其邻近处进行挖掘作业，否则应采取安全措施，并报主管部门批准。

临街搭设脚手架时，外侧应有防止坠物伤人的防护措施。

在脚手架上进行电、气焊作业时，必须有防火措施和专人看守。

工地临时用电线路的架设及脚手架接地、避雷措施等，应按现行行业标准《施工现场临时用电安全技术规范》的有关规定执行。

搭拆脚手架时，地面应设围栏和警戒标志，并派专人看守，严禁非操作人员入内。

七、脚手架施工作业中常见的事故及预防措施

脚手架搭设和拆除施工过程中易发生高处坠落和物体打击和脚手架坍塌事故，应予以充分注意。

脚手架作业人员必须经过专门训练，经有关部门考核合格、取得特种作业人员操作合格证书后，方可独立操作。

脚手架施工作业人员应定期体检，搭设脚手架时必须戴安全帽、系安全带、穿防滑鞋。

脚手架搭设前必须进行安全技术交底，并严格按交底的要求执行。

搭设前要检查构配件的质量，有裂缝、变形的严禁使用，出现滑丝的螺栓必须更换。

脚手架搭设后要按要求进行检查验收，检查验收合格才能进行施工工作。

脚手架使用中应定期进行检查。

第三节　模板施工作业安全常识

模板是建筑工程中必须使用的工具材料之一，是使混凝土构件按所要求的几何尺寸成型的模型板。模板的种类很多，按其功能分为定型组合钢模板、台模、飞模、墙体大模板、滑动模板等。按其形式分为整体式模板、定型模板、工具式模板、翻转模板、滑动模板、胎模等。按材料不同又可分为木模板、钢模板、钢木模板、铝合金模板、塑料模板、玻璃钢模板等。目前在实际工程中大量使用的有钢模板、木模板、竹胶模板等。

一、模板施工前的准备

模板施工前必须制定合理的施工方案，并由技术人员进行安全技术交底。模板安装必须保证工程结构各部分形状、尺寸和预留、预埋位置的正确。浇筑混凝土前必须对模板的安装进行专项检查验收，并做检验记录。浇筑混凝土时应设专人监控大模板的使用情况，发现问题及时处理。吊装大模板必须采用带卡环吊钩。当风力超过 5 级时应停止吊装作业。施工工艺流程为：施工准备→定位放线→安装模板的定位装置→安装门窗洞口模板→安装模板→调整模板、紧固对拉螺栓→验收→分层对称浇筑混凝土→拆模→清理模板。

二、模板施工作业中的安全常识

竖向模扳和支架支撑部分，当安装在基土上时应加设垫板，且基土必须坚实并有排水措施。

模板及其支架在安装过程中，必须设置防倾覆的临时固定设施。

现浇多层房屋和构筑物，应采取分层分段支模的方法，安装上层模板及其支架应符合下列规定：

(1) 下层楼板应具有承受上层荷载的承载能力或加设支架支撑；

(2) 上层支架的立柱应对准下层支架的立柱，并铺设垫板；

(3) 当采用悬吊模板、桁架支模方法时，其支撑结构承载力的刚度必须符合要求。

当采用多层支架支模时，支架的横垫板应平整，支柱应垂直，上下层支柱应在同一竖向中心线上。

安装模板时作业人员必须站在操作平台或脚手架上，禁止站在拉杆、支撑杆、钢筋骨架上作业和在梁底模上行走。

单片柱模吊装时，应采用卡环和柱模连接，严禁用钢筋钩代替，防止脱钩。待模板立稳并支撑后，方可摘钩。

安装墙模板时，应从内、外角开始，向相互垂直的两个方向拼装。同一道墙（梁）的两侧模板采用分层支模时，必须待下层模板采取可靠措施固定后，方可进行上一层模板的安装。

大模板组装或拆除时，指挥及操作人员必须站在可靠作业处，任何人不得随大模板起吊，安装外模板时作业人员应挂牢安全带。

混凝土施工时，应按施工荷载规定严格控制模板上的堆料及设备，当采用人工小推车运输时，不准直接在模板或钢筋上行驶，应用钢管等材料搭设小车运输道，将荷载传给工程结构。

在组合钢模板上架设的电线和使用的电动工具，应采用 36 V 的低压电源。

登高作业时，连接件必须放在箱盒或工具袋中，严禁放在模板或脚手板上。扳手等各类工具必须系挂在身上或置放于工具袋内，不得掉落。

钢模板用于高层建筑施工时，应有防雷击措施。

组合钢模板装拆时，上下应有人接应，钢模板应随装拆随转运，不得堆放在脚手板上，严禁抛掷踩撞，若中途停歇，必须把活动部件固定牢靠。

悬空作业处应有牢靠的立足作业面，支（拆）3.5 m 以上高度的模板时，应搭设脚手架工作平台，高度不足 3.5 m 的可用移动式高凳。不准站在拉杆、支撑杆上操作，也不准在梁底模上行走操作。

三、模板拆除安全常识

模板的拆除必须待混凝土达到要求的脱模强度，见表6—2。

表 6—2　　　　模板拆除时的混凝土强度

构件类型	构件跨度	达到设计抗压强度标准值的百分率（%）
板	≤2	≥50
	>2，≤8	≥75
	>8	≥100
梁、拱、壳	≤8	≥75
	>8	≥100
悬壁构件	—	≥100

模板的拆除程序是：先支的后拆，后支的先拆；先拆非承重部位；后拆承重部位。肋形楼盖应先拆柱模板、墙模板，再拆楼板底模、梁侧模板，最后拆梁底模板。

柱模板应在混凝土强度能保证其表面及棱角不因拆模而受损坏时，方可拆除。墙模板必须待混凝土强度达到 1.2 MPa 以上时，方可拆除。楼板底模与梁模板的拆模强度应符合标准规定。

柱模板拆除，先拆掉柱斜拉杆或斜支撑，再卸掉柱箍和对拉螺栓，接着拆掉连接模板的 U 形卡或 L 形插销，然后用撬杠轻轻撬动模板，使模板与混凝土脱离，即可把模板运走。

墙模板拆除，先拆斜拉杆或斜支撑，再拆除穿墙螺栓及纵横钢楞，接着将 U 形卡或 L 形插销等附件拆下，然后用撬杠轻轻撬动模板，使模板脱离墙面，即可把模板吊运走。

楼板、梁模板拆除方法如下：

(1) 先拆梁侧帮模，再拆除梁底模板；楼板底模板拆除应先拆掉支柱水平拉杆或剪刀撑；再拆掉 U 形卡，然后拆掉楼板模板支柱，每根大钢楞留 1～2 根支柱暂不拆。

(2) 操作人员站在已拆除模板的空当，再拆除余下的支柱，使钢楞自由落下。

(3) 用钩子将模板钩下，或用撬杠轻轻撬动模板，使模板脱离，待该段模板全部脱模后，运出集中堆放。

(4) 楼层较高，采用双层排架支模时，先拆除上层排架，使钢楞和模板落在底层排架上，上层钢模板全部运出后，再拆下层排架。

(5) 梁底模板拆除，有穿墙螺栓者，先拆掉穿墙螺栓和梁托架，再拆除梁底模。拆除跨度较大的梁下支柱时，应先从跨中开始，分别向两端拆除。

拆下的模板应及时清理黏结物，修理并涂刷隔离剂，分类整齐堆放备用。拆下的连接件及配件应及时收集，集中统一管理。

装拆过程中，除操作人员外，下面不得站人。高处作业时，操作人员应挂上安全带。

预组装模板拆除时，宜整体拆除，并应先挂好吊索，然后拆除支撑及拼接两片模板的配件，待模板离开结构表面后再起吊，吊钩不得脱钩。拆模时不得使模板材料自由落下。

拆除承重模板时，为避免突然整块塌落，必要时应先设立临时支撑，然后进行拆卸。正在施工浇筑的楼板，其下一层楼板的支撑不得拆除。

模板的预留孔洞、电梯井口等处，应加盖或设置防护栏杆，必要时应在洞口设置安全网。

拆除模板作业比较危险，为防止落物伤人，应设置警戒线，并设专门监护人员。

模板上堆料和施工设备应合理分散堆放，不应造成荷载的过多集中。

不准采用大面积撬落的方法拆除钢模板，防止伤人和损坏物料。

不能留有悬空模板，防止突然落下伤人。

四、模板的检查与验收

钢模板安装完成后，应进行验收，检查合格后方可进行混凝土浇筑。主要验收以下内容：

1. 材质

模板支撑系统的材质是否符合要求。

2. 支撑

（1）扣件规格与对拉螺栓、钢楞的配套和紧固情况。

（2）支柱、斜撑的数量和着力点。

（3）对拉螺栓、钢楞、支柱的间距。

（4）支撑杆的接长。立柱底部垫板情况。

3. 作业环境

高处作业、临边及洞口的防护情况，运输混凝土通道的稳固性等。

五、模板运输、维修与保管中的安全要求

1. 组合钢模板

（1）钢模板运输时，不同规格的模板不得混装混运。模板要按不同规格水平重叠成垛码放，垛高一般不超过 20 块，也不能超过车厢侧板高度。当码放超高时，必须采取有效措施，防止模板滑动、倾倒。

（2）短途运输时，钢模板可以采取散装运输。长途运输时，钢模板应采用包装袋或集装箱，支撑件应捆扎成捆，连接件应分类装箱，保证在吊装过程中不散捆。

（3）预组装模板运输时，可根据预组装模板的结构、规格尺寸和运输条件等，采取分层平放运输或分格竖直运输。但都应分隔垫实，支撑牢固，防止松动变形。

（4）装卸模板和配件时应轻装轻卸，严禁抛掷，并应防止碰撞损坏。

(5) 钢模板和配件拆除后，应及时清除黏结的灰浆，对变形和损坏的模板及配件，要采用机械整形和清理，维修达到质量标准后，方可使用。

(6) 对暂时不用的钢模板，板面要刷脱模剂，背面油漆脱落处，应补刷防锈漆，并按规格分类存放。

(7) 钢模板应放在室内或敞棚内，不得直接码放在地面上，模板底面应垫离地面 100 mm 以上。露天堆放时，地面应平整、坚实，并设有遮盖雨水和排水措施，模板底面应垫离地面 200 mm 以上。两支点离模板两端的距离不大于模板长度的 1/6。

(8) 入库保存的配件，应是经过维修保养合格的，并要分类存放。小件要点数装箱入袋，大件要整数成垛。堆放场地要求平整。

2. 大模板

(1) 大模板运输，要根据模板的长度、质量、高度选用适当的车辆。

(2) 在运输车辆上的支点、伸出长度及绑扎方法，均应保证模板本身不发生变形，并不损伤表面涂层。

(3) 大模板连接件应码放整齐，小型件应装箱、装袋或捆绑，避免发生碰撞，保证连接件的重要连接部位不受损坏。

(4) 装卸模板和配件时应该轻装轻卸，可用起重设备成捆装卸，也可用人工单块搬运，不得成捆抛下车，防止碰撞损坏。

(5) 对使用后的模板及其配件的维修，重点从影响模板及附件重复使用质量的关键部位，提出维修工艺和具体方法。

(6) 每次拆模后，应及时清除砂浆、杂物及多余的焊件、绑扎件，对变形和板面凹凸不平处应及时修复。

(7) 肋和背楞产生弯曲变形，应严格按产品质量标准修复。

(8) 大模板堆放场地地面应平整、坚实，有排水措施。存放在经专门设计的存放架上，并采用两块大模板面对面存放。当存放在施工楼层时，应满足其自稳角度，并有可靠的防倾倒措施。

(9) 零配件入库保存时，应分类存放。

(10) 长时间不用的大模板的板面应向下分类码放。叠层平放时，在模板底部及层间应加垫木。垫木应上下对齐，垫点要保证模板不产生弯曲变形。叠层高度不宜超过 2 m，超过 2 m 应有加固措施。

3. 钢框胶合板模板

(1) 运输模板应避免雨淋水浸。

(2) 装卸模板及零配件时应轻装轻卸，严禁抛掷，并应采取措施防止碰撞，损坏模板。

(3) 模板的连接件及配件，应经常进行清理检查，对损坏、断裂的部件要及时挑出，螺纹部位要整修后涂油。

（4）拆下来的模板及其零配件应设专人保管和维修，并要按规格、种类分别存放或装箱。

（5）模板储存时，其上应有遮蔽，其下应有垫木。垫木间距应适当，避免模板变形或损伤。

六、模板施工安全管理

模板安装前应进行安全技术交底，并严格按其执行。

确保支模体系稳固可靠。支模作业初步完成后，要进行认真检查验收，确保无误才能进入下道工序。支模时，下方不应有人，禁止交叉作业，防止物体打击。

模板工作业时，应按要求穿工作服，系好袖口与绑腿，系好安全带，戴好安全帽。

模板上堆放材料应固定其位置，防止大风刮落，堆放材料与设备不能过多和超重。

混凝土浇筑中要指派专人对支模体系进行监护，发现异常情况，应立即停工，作业人员马上离开现场。险情排除后，经技术责任人检查同意，方可继续施工。

模板拆除前，必须确认混凝土强度已经达到要求，经工地负责人批准，方可进行拆除。

模板拆除工作前，作业人员要事先检查所使用的工具是否完好（牢固），扳手等工具必须用绳链系挂在身上。工作时思想要集中，防止钉子扎脚和空中落物。

拆除模板必须严格按照工艺程序进行，一般是后安装的先拆，先安装的后拆，最好是谁安装的谁拆除。严禁作业人员在同一垂直面上拆除模板。

七、模板施工中常见的事故

以下事故是在模板施工中经常发生的，在作业中应严加预防。

(1) 配制模板时的触电和机械伤害。

(2) 模板安装和拆除过程中高处坠落和物体打击。

(3) 模板坍塌。

八、事故预防措施

模板安装前应向施工班组进行技术交底，有关施工及操作人员应熟悉施工图及模板工程的施工设计。

在钢模板上架设的电线和使用的电动工具，应采用 36 V 的低压电源或采取其他有效的安全措施。

登高作业时，连接件必须放在箱盒或工具袋中，严禁放在模板或脚手板上。扳手等各类工具必须系挂在身上或置放于工具袋内，不得掉落。

钢模板用于高层建筑施工时，应有防雷击措施。

高空作业人员严禁攀登模板或脚手架，也不得在高空的墙顶、独立梁及其模板等上行走。

组合钢模板装拆时，上下应有人接应。钢模板应随装拆随转运，不得堆放在脚手板上，严禁抛掷踩撞。若中途停歇，必须把活动部件固定牢靠。

装拆过程中，除操作人员外，下面不得站人。高处作业时，操作人员应挂上安全带。

安装墙、柱模板时，应随时支撑固定，防止倾覆。

模板的预留孔洞、电梯井口等处，应加盖或设置防护栏，必要时应在洞口处设置安全网。

安装预组装成片模板时，应边就位、边校正和安设连接件，并加设临时支撑。

模板装拆时，垂直吊运应采取两个以上的吊点，水平吊运应采取四个吊点。吊点应合理布置并作受力计算。

预组装模板拆除时，宜整体拆除，并应先挂好吊索，然后拆除支撑及拼接两片模板的配件，待模板离开结构表面后再起吊，吊钩不得脱钩。

为避免突然整块坍落，拆除承重模板时应先设立临时支撑，然后进行拆卸。

模板支撑设完后要经过验收合格才能进行混凝土浇筑。

模板拆除前应向作业班组进行安全技术交底，拆除申请批准后方可进行拆除。

第四节　电、气焊作业安全常识

金属焊接的方法有 40 多种，常见的焊接方法可分为 3 大类，即熔化焊、压力焊、钎焊。熔化焊又分为气焊、电弧焊、电渣焊、等离子弧焊等。

一、施工前的准备

焊工是特种作业人员，应经过专门培训，掌握电、气焊安全技术，并经过考试合格，取得特种作业证书后方能上岗。焊接时要按规定要求配备安全防护用品。在危险区域动火要有动火许可证。

二、电、气焊作业中的安全常识

1. 气焊

气焊主要应用于焊接厚度 3 mm 以下的低碳钢薄板和薄壁管子，以及铸铁件的焊补。对铝、铜及其合金，当质量要求不高时，也可采用气焊。

气焊所用的设备及工具有氧气瓶、乙炔瓶、减压器、回火防止器、焊炬和橡胶管（见图 6—8）。

（1）氧气瓶。氧气瓶是储存和运输氧气的高压容器（见图 6—9）。

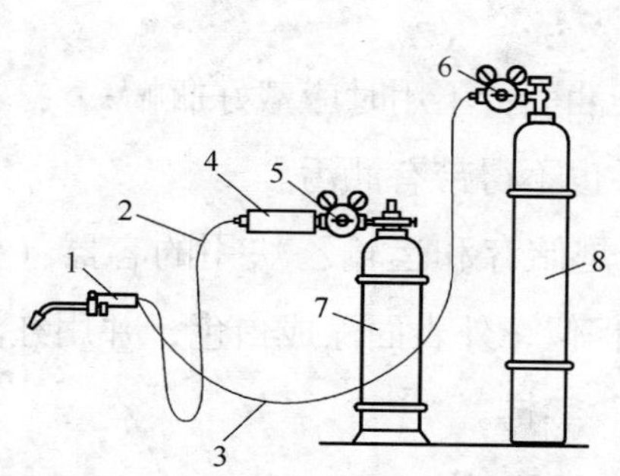

图 6—8　气焊设备

1—焊炬　2—乙炔胶管（红色）　3—氧气胶管（蓝色或黑色）　4—回火防止器　5—乙炔减压器　6—氧气减压器　7—乙炔瓶（白色红字）　8—氧气瓶（天蓝色）

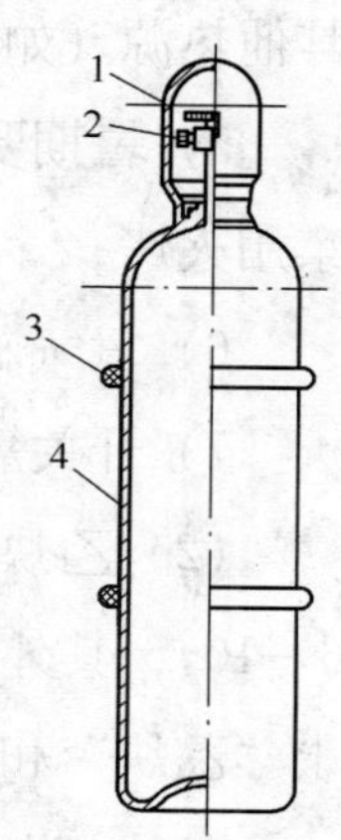

图 6—9　氧气瓶

1—瓶帽　2—瓶阀　3—防震圈　4—瓶体

工业用氧气瓶是由优质碳素钢或低合金钢经热挤压、收口而成的无缝容器。按规定，氧气瓶外表面涂天蓝色漆，并用黑漆标以“氧气”字样。最常用的氧气瓶容积为 40 L，在 15 MPa工作压力下，可储存 60 m^3 的氧气。

使用氧气瓶的安全常识如下：

1）使用氧气瓶时必须保证安全，注意防止氧气瓶爆炸；

2）放置氧气瓶要平稳可靠，不应与其他气瓶混放在一起；

3）运输时应避免互相撞击；

4）氧气瓶不得靠近气焊、电焊工作场所，以及配电箱和其他热源（如火炉、暖气片等）；

5）暑期要防止暴晒，冬期阀门冻结时应用热水解冻，严禁用火烤；

6）氧气瓶上严禁沾染油脂，不用时应戴好瓶帽；

7）开关氧气瓶的扳手也不得带有油污。

(2) 乙炔瓶。乙炔瓶是储存和运输乙炔用的容器（见图6—10），其外形与氧气瓶相似，外表面漆成白色，并用红漆标上“乙炔”和“火不可近”字样。

乙炔瓶的工作压力为1.5 MPa。在乙炔瓶内装有浸满丙酮的多孔性填料，能使乙炔稳定而安全地储存在瓶内。使用时，溶解在丙酮内的乙炔分解出来，以便溶解再次压入的乙炔。乙炔瓶阀下面填料中心部分的长孔内放有石棉，其作用是促使乙炔从多孔性填料中分解出来。

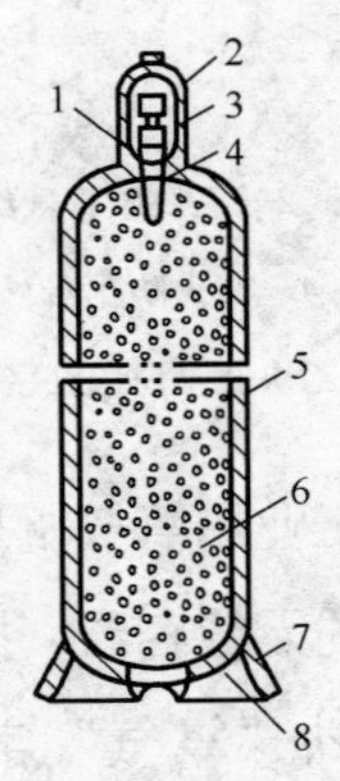

图6—10 乙炔瓶

1—瓶口 2—瓶帽 3—瓶阀 4—石棉 5—瓶体 6—多孔性填料 7—瓶座 8—瓶底

使用乙炔瓶时，除应遵守氧气瓶使用要求外，还应注意：

1）瓶体的温度不能超过40℃；

2）乙炔瓶只能直立，不能横躺卧放，若气瓶平放，丙酮有排出的危险；

3）不得遭受剧烈振动，存放乙炔瓶的场所应注意通风；

4）夏季应防暴晒，冬天解冻用温水。

（3）减压器。减压器是将高压气体降为低压气体的调节装置。

气焊时所需的气体工作压力一般都比较低，如氧气压通常为 0.2～0.3 MPa，乙炔压力最高不超过 0.15 MPa。因此，必须将气瓶内输出的气体减压后才能使用。减压器的作用就是降低气瓶输出的气体压力，并能保持降压后的气体压力稳定，而且可以调节减压器的输出气体压力。

如图 6—11 所示为一种常用的氧气减压器的外形，其内部构造和工作原理如图 6—12 所示。

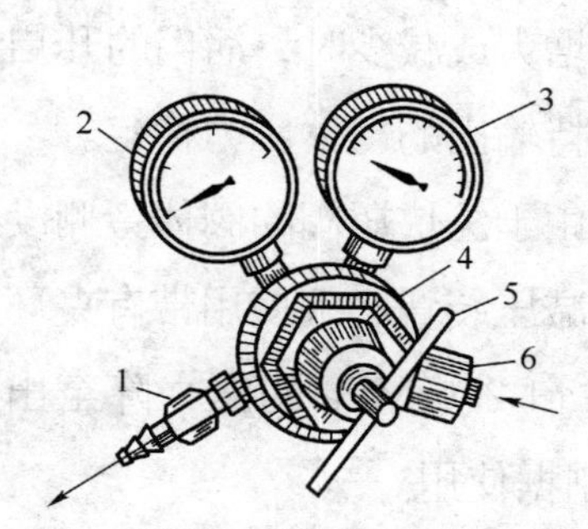

图 6—11　氧气减压器

1—出气接头　2—低压表　3—高压表　4—外壳　5—调压螺钉　6—进气接头

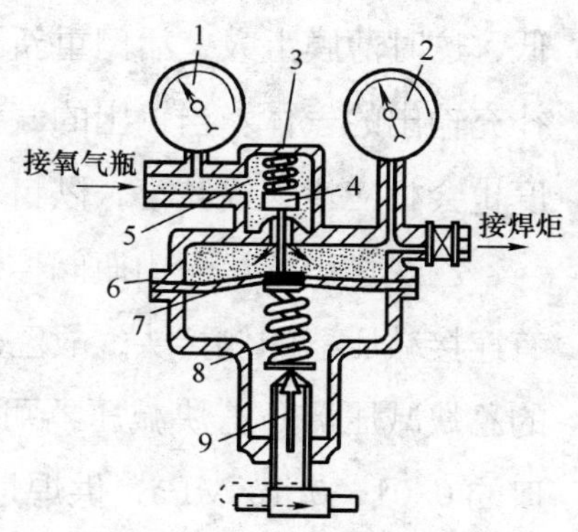

图 6—12　氧气减压器内部构造

1—高压表　2—低压表　3—活门弹簧　4—活门　5—高压室　6—低压室　7—薄膜　8—调压弹簧　9—调压螺钉

调节螺钉松开时，活门弹簧将活门关闭，减压器不工作。从氧气瓶来的高压氧气停留在高压室，高压表指示出高压气体压力，即氧气瓶的气体压力。

减压器工作时，拧紧调压螺钉，使调压弹簧受压，活门被顶开，高压气体进入压力室。由于气体体积膨胀，压力降低，低压表指示出低压气体压力。随着低压室中气体压力增加，压迫薄膜及调压弹簧，使活门的开启度逐渐减小。当低压室内的气体压力达到一定数值时，会将活门关闭。控制调压螺钉拧入程度，可以改变低压室的气体压力，获得所需的工作压力。

焊接时，低压氧气从出气口通往焊炬，低压室内压力降低，这时薄膜上鼓，活门重新开启，高压气体进入低压室，以补充输出的气体。当输出的气体量增大或减少时，活门的开启度也会相应增大或减小，以自动维持输出的气体压力稳定。

乙炔进出乙炔瓶由瓶阀控制。由于乙炔瓶阀的阀体旁侧没有连接减压器的侧接头，故乙炔的减压装置必须使用带有夹环的乙炔减压器。乙炔减压器可将进口 2.0 MPa 的压力降至出口的 0.01～0.15 MPa，供焊炬或割据使用。

(4) 回火保险器。回火是气体火焰进入喷嘴内逆向燃烧的现象，分逆火和回烧两种情况。逆火是火焰向喷嘴孔逆行，并瞬时自行熄灭，同时伴有爆鸣声；回烧是火焰向喷嘴孔逆行，并继续向混合室和气体管路燃烧。回烧可能烧毁焊炬、管路以及引起可燃气体源的爆炸。

发生回火的根本原因是混合气体从焊炬的喷嘴孔内喷出的速度（即喷射速度）小于混合气体燃烧速度。由于混合气体的燃烧速度一般是不变的，所以造成喷射速度降低的各种因素都可能引起回火现象。如乙炔气体压力不足、焊嘴堵塞、焊嘴离焊件太近、焊嘴过热等。

回火保险器是装在乙炔瓶和焊炬之间防止乙炔向乙炔瓶回烧的安全装置。其作用是截住回火气体，防止回火蔓延到可燃气体源，保证安全。回火保险器按使用压力分为低压和中压两种，按阻燃介质分为水封式和干式两种。

中压水封式回火保险器的结构与工作原理如图 6—13 所示。

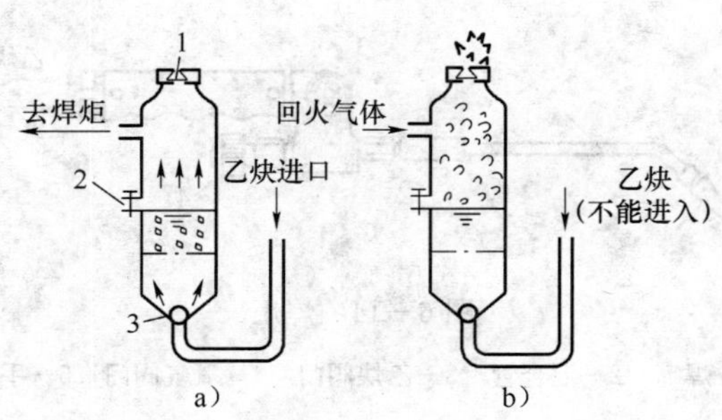

图 6—13　中压水封式回火保险器

a）正常工作时　b）回火时

1—防爆膜　2—水位阀　3—球阀

使用前，先加水到水位阀的高度，关闭水位阀。正常气焊时（见图 6—13a），从进口流入的乙炔推开球阀进入回火保险器，从出气口输往焊炬。发生回火的原因是（见图6—13b）回火气体从出口回烧到回火保险器中，被水面隔住。由于回火气体压力大，使球阀关闭，乙炔不能再进入回火保险器从而有效地截留回火气体，防止继续回烧。当回火保险器内回火气体压力增大到一定限度时，其上部的防爆膜破裂，排放出回火气体，更换防爆膜后才可继续使用。

(5) 焊炬与割炬。气焊时用于控制火炬进行焊接的工具称为焊炬，其作用是将乙炔和氧气按一定比例均匀混合，由焊嘴喷出后点火燃烧，产生气体火焰。按可燃气体与氧气在焊炬中的混合方式分为射吸式和等压式两种，以射吸式焊炬应用最广，其外形如图6—14所示。

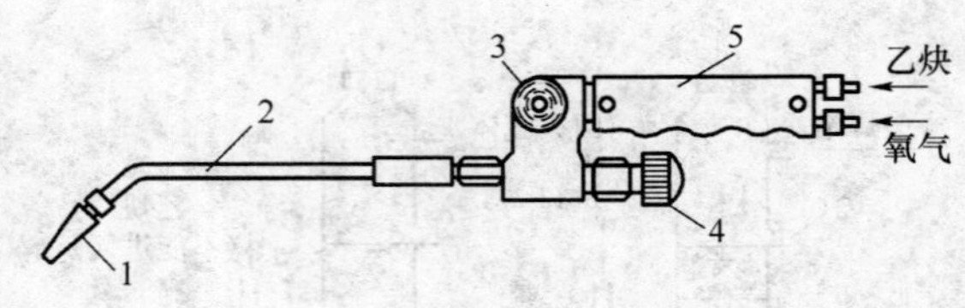

图6—14 焊炬

1—焊嘴 2—混合管 3—乙炔阀门 4—氧气阀门 5—手柄

焊炬常用的型号有H01-2和H01-6等，“H”代表焊炬，“0”表示手工操作，“1”表示射吸式，“2”和“6”表示可焊接低碳钢的最大厚度分别为2 mm和6 mm。

割炬按乙炔气体和氧气混合的方式不同分为射吸式和等压式两种，前者主要用于手工切割，后者多用于机械切割。射吸式割炬的外形如图 6—15 所示。

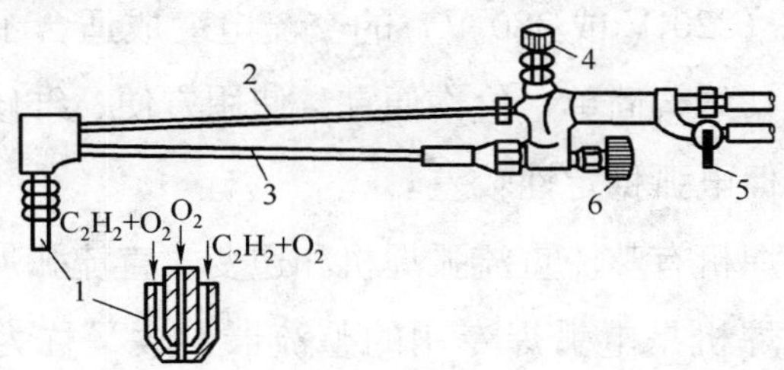

图 6—15　割炬

1—割嘴　2—切割氧气管　3—预热焰混合气体管

4—切割氧阀门　5—乙炔阀门　6—预热氧阀门

割炬常用的型号有 G01-30 和 G01-100 等。型号中“G”代表割炬，“0”代表手工操作，“1”代表射吸式，“30”“100”代表切割低碳钢厚度分别为 30 mm 和 100 mm。每种型号的割炬配有几个不同大小的割嘴，用于切割不同厚度的割件。

(6) 橡皮管。按现行标准规定，氧气管为蓝色或黑色，乙炔管为红色。氧气管内径为 8 mm，允许工作压力为 1.5 MPa，试验压力为 3 MPa。乙炔管内径为 10 mm，允许工作压力为 0.5 MPa 或 1 MPa。氧气管与乙炔管都是专用的，不能互相代用。禁止油污和漏气，并防止烫坏和损伤。

2. 电弧焊

焊接设备及工具有弧焊机、焊钳、接地夹钳、焊接电缆、面罩及护目玻璃等。

(1) 弧焊机。弧焊机分为交流弧焊机和直流弧焊机两类。

交流弧焊机实际上是一种具有一定特性的降压变压器，它把网路电压（220 V或 380 V）的交流电变成适合于电弧的低压交流电。其结构简单、价格便宜、使用方便、维修容易、空载损耗小，但电弧稳定性较差。

直流弧焊机有整流直流弧焊机和逆变式直流弧焊机等。整流式直流弧焊机是电弧焊专用的整流器，故又称为弧焊整流器。它把网路交流电经降压和整流后变为直流电。整流弧焊机弥补了交流弧焊机电弧稳定性较差的缺点，且焊机结构较简单、制造方便、空载损失小、噪声小，但价格比交流弧焊机高。

直流弧焊机输出端有正极、负极，有两种不同的接线法。将焊件接到直流弧焊机的正极，焊条接负极，这种接法为正接；反之，将焊件接到负极，焊条接正极，称为反接。用直流弧焊机焊接厚板时，一般采用正接，以获得较大的熔深；焊接薄板时，为了防止焊穿缺陷，常采用反接。在使用碱性焊条时，均应采用直流反接，以保证电弧燃烧稳定。

焊机工作的环境温度小于 40℃，相对湿度小于 85%。焊机应在通风、干燥、远离粉尘的地方运行，露天使用时应有防雨防晒措施，并应防止杂物落入焊机内部。

(2) 焊钳。焊钳是用以夹持焊条进行焊接的工具。主要作用是使焊工能夹住和控制焊条，同时也起着从焊接电缆向焊条传导焊接电流的作用。焊钳应具有良好的导线性、不易发热、重量轻、夹持焊条牢固及装换焊条方便等特性。焊钳的构造如图 6—16 所示，主要是由上下钳口、弯臂、弹簧、直柄、胶木手柄及固定销等组成。

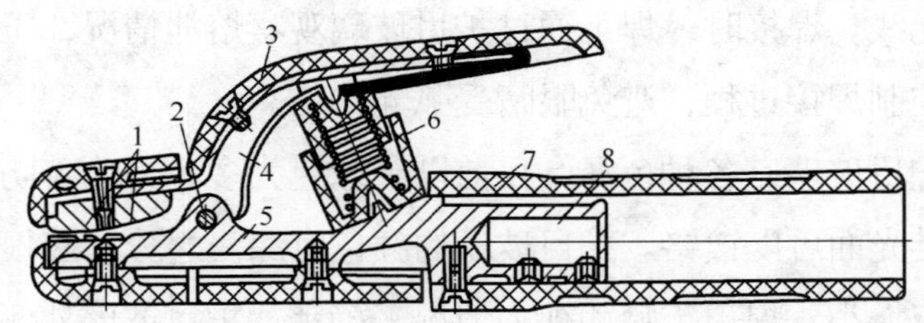

图 6—16　焊钳

1—钳口　2—固定钳　3—弯臂罩壳　4—弯臂　5—直柄

6—弹簧　7—胶木手炳　8—焊接电缆固定处

(3) 接地夹钳。接地夹钳是将焊接导线或接地电缆接到工件上的一种器具。接地夹钳必须能形成牢固的连接，又能快速且容易地夹到工件上。对于低负载率来说，弹簧夹钳比较合适。使用大电流时，需要螺纹夹钳，以使夹钳不过热并形成良好的连接。

(4) 焊接电缆。利用焊接电缆将焊钳和接地夹钳接到电源上。焊接电缆是焊接回路的一部分，除要求应具有足够的导电截面以免过热而引起导线绝缘破坏外，还必须耐磨和耐擦伤，应柔软易弯曲，具有最大的挠度，以便焊工容易操作及减轻劳动强度。焊接电缆应采用 YHHR 型橡套电缆。

(5) 面罩及护目玻璃。面罩及护目玻璃是为防止焊接时的飞溅物、强烈弧光及其他辐射对焊工面部及颈部灼伤的一种遮蔽工具，有手持式和头盔式两种。护目玻璃安装在面罩正面，用来减弱弧光强度，吸收电弧发射的红外线、紫外线和大多数可见光线。焊接时，焊工通过护目玻璃观察熔池情况，正确掌握和控制焊接过程，避免眼睛受弧光灼伤。

护目玻璃有各种色泽，目前以墨绿色为多，为改善防护效果，受光面可以镀铬。护目玻璃的颜色有深浅之分，应根据焊接电流大小、焊工年龄和视力情况来确定。护目玻璃外侧应加一块同尺寸的一般玻璃，以防止金属飞溅的污染。

（6）其他工具。电焊工常用的辅助工具还有焊条保温筒、防护服、皮革手套、工作帽、脚盖、绝缘鞋、平光眼镜、角向磨光机、钢丝刷、清渣锤、扁铲和锉刀。

3. 电弧焊安全操作规程

（1）弧焊设备的安装必须满足的要求。设备的工作环境与其技术说明书规定相符，安放在通风、干燥、无碰撞或无剧烈振动、无高温、无易燃品存在的地方。在特殊环境条件下（如室外的雨雪中，温度、湿度、气压超出正常范围，或具有腐蚀、爆炸危险的环境），必须对设备采取特殊的防护措施以保证其正常的工作性能。当特殊工艺需要高于规定的空载电压值时，必须对设备提供相应的安全防护装置（如采用空载自动断电保护装置）或其他措施。弧焊设备外露的带电部分必须设置完好的保护，以防人员或金属物体（如货车、起重机吊钩等）

与之相接触。

(2) 接地。焊机必须以正确的方法接地（或接零）。接地（或接零）装置必须连接良好，永久性的接地（或接零）应做定期检查。禁止使用氧气、乙炔等易燃易爆气体管道作为接地装置。

在有接地（或接零）装置的焊件上进行弧焊操作，或焊接与大地密切连接的焊件（如管道、房屋的金属支架等）时，应特别注意避免焊机和工件的双重接地。

(3) 焊接回路。构成焊接回路的焊接电缆必须适合于焊接的实际操作条件，构成焊接回路的电缆外皮必须完整、绝缘良好（绝缘电阻大于 1 MΩ）。用于高频、高压振荡器设备的电缆，必须具有相应的绝缘性能。

焊机的电缆应使用整根导线，不带连接接头。构成焊接回路的电缆禁止搭在气瓶等易燃品上，禁止与油脂等易燃物质接触。在经过通道、马路时，必须采取保护措施（如使用保护套），不能借用导电的物体（如管道、轨道、金属支架、暖气设备等）做焊接回路。

(4) 连接的检查。完成焊机的连接之后，在开始操作设备之前必须检查一下每个安装的接头，以确认其连接良好。其内容包括：线路连接正确合理，接地必须符合规定要求；磁性工作夹爪在其接触面上不得有附着的金属颗粒及飞溅物；盘卷的焊接电缆在使用之前应展开，以免过热及绝缘损坏。

(5) 焊接过程中的安全注意事项。当焊接工作中止时（如工作休息），必须关闭设备或焊机的输出端或者切断电源。需要移动焊机时，必须首先切断其输入端的电源。

金属焊条在不用时必须从焊钳上取下，以消除人员或导电物体的触电危险。焊钳在不使用时必须置于与人员、导电体、易燃物体或压缩空气瓶接触不到的地方。半自动焊机的焊枪在不使用时也必须妥善放置，以免使枪体开关意外启动。

(6) 进行电弧焊接或切割时，操作人员必须注意遵守下述原则：

禁止焊条或焊钳上所带金属部件与身体相接触。焊工必须用干燥的绝缘材料保护自己免除与工件或地面可能产生的电接触。在座位或俯位工作时，必须采用绝缘方法防止与导电体的大面积接触。要求使用状态良好、足够干燥的手套。焊钳必须具备良好的绝缘性能和隔热性能，并经常维修使其功能正常。

所有的焊弧设备必须经常维护，保持在安全的工作状态。修理必须由认可的人员进行。焊接设备必须保持良好的机械及电气状态。损坏的电缆必须及时更换。

三、焊工安全和劳动保护

1. 与焊接有关的电工常识

(1) 电线的颜色标记。根据国家规定：380 V 三相电源分 U 相、V 相、W 相、零线、接地线。色标为：U 相为黄色；V

相为绿色；W 相为红色；零线为淡蓝色（或蓝色）；接地线为黄绿色。

（2）漏电保护常识。

1）选用漏电保护装置。对于电焊机，应考虑保护器的正常工作不受电焊短时冲击电流、电流急剧变化、电源电压波动的影响。对高频焊机，保护器还应有良好的抗电磁干扰性能。

2）电焊机要设单独的开关箱，开关箱应有防雨措施，拉合时应戴手套侧向操作。电焊机外壳，必须接地良好，其电源的装拆应由电工进行。

3）电焊机的一次线长度不得超过 5 m，二次线不得超过 30 m，一、二次线接线柱与外壳绝缘良好，设有防护罩，并装设二次空载降压保护器。

4）焊钳与把线必须绝缘良好、连接牢固，更换焊条应戴手套。在潮湿地点作业时，应站在绝缘胶或木板上。

5）严禁利用厂房的金属结构、管道、轨道或其他金属搭接起来作为导线使用。焊把线、地线禁止用钢丝绳或机电设备代替零线，所有地线接头，必须连接牢固。

6）更换场地移动把线时，应切断电源，不得手持把线爬梯登高。

7）工作结束应切断焊机电源，并检查操作地点，确认无起火危险后方可离开。

（3）防雷常识。

1）雷电时，应停止露天焊接作业。当雷电发生时，关闭设备，拔掉电源插头。以防雷电从电源线侵入。

2）打雷时不要接触窗户的金属架。雷电交加时，勿打手机或有线电话。

3）若有人遭到雷击停止呼吸时，应及时实施人工呼吸和外部心脏按压的抢救措施，并迅速送往医院进行救治。

2. 劳动保护

(1) 焊接施工的防护。作业人员在观察电弧时，必须使用带有滤光镜的头罩或手持面罩。面罩及护目镜必须符合国家标准的要求。

(2) 焊接人员必须穿戴焊工专用防护服、防护鞋、焊帽、焊工防护手套。防护服应根据具体的焊接和切割操作特别选择。防护服必须符合《焊接防护服》GB 15701 的要求，并提供足够的保护面积。

3. 场地设备及工具、夹具的安全检查

(1) 场地安全。

1）焊接和切割区域有必要的警告标志。为了防止作业人员或邻近区域的其他人员受到焊接及切割电弧的辐射及飞溅伤害，应用不可燃或耐火屏板（或屏罩）加以隔离保护。

2）焊接设备、焊机、切割机具、钢瓶、电缆及其他器具必须放置稳妥并保持良好的秩序，使之不会对附近的作业或过往人员构成妨碍。

3）进行焊接及切割操作的地方必须配置足够的灭火设备，至少应配备灭火器。其配置取决于现场易燃物品的性质和数量，可以是水池、沙箱、水龙带、消火栓或手提灭火器。

（2）气焊及切割安全。

1）所有与乙炔相接触的部件（包括仪表、管路、附件等）不得由铜、银以及铜（或银）含量超过70%的合金制成。

2）氧气瓶、气瓶阀、接头、减压器、软管及设备必须与油、润滑脂及其他可燃物或爆炸物相隔离。严禁用有油污的手或有油迹的手套，以及有油的扳手去触碰氧气瓶或氧气设备。

3）检验气路连接处密封性时，严禁使用明火。

4）严禁用氧气代替压缩空气使用。

5）氧气严禁用于气动工具、油预热炉、启动内燃机、吹通管路、衣服及工件的除尘，为通风而加压或类似的应用。氧气喷流严禁喷至带油的表面、带油脂的衣服或进入燃油或其他储罐内。

6）用于氧气的气瓶、设备、管线或仪器，严禁用于其他气体。未经许可，禁止装设可能使空气与可燃气体在燃烧前（不包括燃烧室或焊炬内）相混合的装置或附件。

7）使用焊炬、割炬时，必须遵守制造商关于焊炬、割炬点火、调节及熄火的程序规定。点火之前，操作者应检查焊炬、割炬的气路是否通畅、射吸能力、气密性等。

8）禁止使用泄漏、烧坏、磨损、老化或有其他缺陷的软管。

9）减压器使用前应检验合格，且只能用于设计规定的气体及压力。减压器的连接螺纹及接头必须保证减压器安在气瓶阀或软管上之后连接良好，无任何泄漏。减压器在气瓶上应安装合理、牢固。采用螺纹连接时，应拧足五个螺扣以上。采用专门的夹具压紧时，装卡应平整牢固。从气瓶上拆卸减压器之前，必须将气瓶阀关闭并将减压器内的剩余气体释放干净。

10）减压器修理必须由持证上岗的专业人员完成。

11）使用中的气瓶必须进行定期检查，使用期满或送检未合格的气瓶禁止继续使用。

12）气瓶必须储存在不会遭受物理损坏或使气瓶内储存物的温度不超过 40℃的地方。储存时必须与可燃物、易燃液体隔离，远离容易引燃的材料至少 6 m 以上。

13）气瓶在使用时必须稳固竖立或装在专用车（架）或固定装置上，距离实际焊接或切割作业点足够远（一般为 5 m 以上）。

14）搬运气瓶时，应关紧气瓶阀，而且不得提拉气瓶上的阀门保护帽。用吊车、起重机送气瓶时，应使用吊架或合适的台架，不得使用吊钩、钢索或电磁吸盘。避免可能损伤瓶体、瓶阀或安全装置的剧烈碰撞。

15）气瓶应配置手轮或专用扳手启闭瓶阀。气瓶在使用后不得放空，必须留有不小于 196 Pa 表压的余气。当气瓶冻住时，不得在阀门保护帽下面用撬杠撬动气瓶，应使用 40℃以下的温水解冻。

16）将减压器接到气瓶阀门之前，阀门出口处首先必须用无油污的清洁布擦拭干净，然后快速打开阀门并立即关闭，以便清除阀门上的灰尘或可能进入减压器的赃物。清理阀门时操作者应站在排出口的侧面，不得站在其前面。

17）减压器安在氧气瓶上之后，必须进行以下操作：首先调节螺杆并打开顺流管路，排放减压器的气体。其次，调节螺杆并缓慢打开气瓶阀，以便在打开阀门前使减压器气瓶压力表的指针始终慢慢地向上移动。打开气瓶阀时，应站在瓶阀气体排出方向的侧面而不要站在其前面。最后，当压力表指针达到最高值后，阀门必须完全打开以防止气体沿阀杆泄漏。

18）开启乙炔气瓶瓶阀时应缓慢，严禁开至超过一圈，一般只开至 3/4 圈以内，以便在紧急情况下迅速关闭气瓶。

19）配有手轮的气瓶阀门不得用榔头或扳手开启。未配有手轮的气瓶，使用过程中必须在阀柄上备有把手。在多个气瓶组装使用时，至少要备有一把这样的扳手以备急用。使用结束后，气瓶阀必须关紧。

20）如果发现燃气瓶的瓶阀周围有泄漏，应关闭气瓶阀拧紧密封螺帽。当气瓶泄漏无法阻止时，应将燃气瓶移至室外，远离所有起火源，并作相应的警告通知，缓缓打开气瓶阀，逐渐释放内存的气体。

21）气瓶泄漏导致的起火可通过关闭瓶阀，采用水、湿布、灭火器等手段予以扑灭。在气瓶起火无法用上述手段灭火的情况下，必须将该区域人员疏散，并用大量水流浇湿气瓶，使其保持冷却。

22）氧气瓶是储存氧气的高压容器。使用氧气瓶时必须保证安全，注意防止氧气瓶爆炸。放置氧气瓶应平稳可靠，不应与其他气瓶混放在一起，运输时应避免互相撞击。氧气瓶与乙炔瓶使用时，间距不得小于5 m，存放时，间距不得小于3 m，并且距高温、明火等不得小于10 m。达不到上述要求时，应采取隔离措施。

4. 电、气焊作业安全

(1) 焊接前要检查电器线路是否完好，外壳接地是否牢固，检查周围环境，不能有易燃易爆物品。

(2) 操作时必须佩戴防护用具，以免弧光灼伤眼睛和皮肤。

(3) 电焊钳不准放于工作台上，不能强烈振动，以免爆炸。

(4) 用小锤敲击焊缝去除熔渣时要当心，防止渣皮溅入眼睛。

(5) 氧气瓶严禁与油污接触，不能强烈振动，以免爆炸。

(6) 严禁烟火，严禁用手触摸焊后工件，防止烫伤。

(7) 焊后的工件要摆放到指定的位置，不准乱扔乱放。

(8) 焊工作业时必须使用有防护玻璃且不漏光的面罩，要穿好胶底鞋，并戴上脚罩，身穿工作服，戴好防护手套。正确使用防护面罩。不得光膀子、穿拖鞋或赤脚作业。

(9) 更换焊条时要戴好防护手套。夏天出汗及工作服潮湿时不要靠在钢材上，避免触电。

(10) 焊工作业时穿戴的工作服及手套不得有破洞。如有破洞，应及时补好，防止火花溅入而引起烫伤。

(11) 焊机一般应采用 380 V 或 220 V 电压，空载电压也应在 60 V 以上。因此，焊工首先要防止触电，特别是在阴雨、打雷、闪电或潮湿作业环境中。

(12) 电、气焊作业时，由于金属的飞溅极易引起烫伤、火灾，因此要切实做好防止烫伤、火灾的预防工作。

(13) 电、气焊现场必须配备灭火器材，危险性较大的场地应有专人现场监防。严禁在储存有易燃、易爆物品的室内或现场作业。

(14) 露天作业时，必须采取防风措施。焊工应在上风位置作业。风力大于 5 级时不宜作业。

(15) 高处作业时，应仔细观察作业区下面有没有其他人员，并采取相应措施，防止焊渣飞溅造成人员烫伤或火灾。

(16) 开始作业引弧时，焊工要注意周边其他作业人员，以免强烈弧光伤害他人。

(17) 在人员众多的地方焊接作业时，应使用屏风挡隔。

(18) 清除焊渣、铁锈、毛刺、飞溅物时，应戴好手套和防护眼镜，防止损伤。

(19) 搬动焊件时，要戴好手套，且小心谨慎，防止划破皮肤或造成人身伤害事故。

(20) 焊工高处作业时要用梯子上下，要系好安全带。焊机电缆不能随意缠绕。焊工用的焊条、清渣锤、钢丝刷、面罩等要妥善安放，以免掉下伤人。

四、焊接安全管理中的“十不烧”

(1) 不是焊工不烧；

(2) 要害部位和重要场所未经批准不烧；

(3) 不了解焊接地点周围情况不烧；

(4) 用可燃材料作保温隔音的部位不烧；

(5) 装过易燃易爆物的容器未按规定处理不烧；

(6) 不了解焊接物内部情况不烧；

(7) 密闭或有压力的容器管道不烧；

(8) 焊接部位的易燃易爆物品不烧；

(9) 附近有与明火作业相抵触的作业不烧；

(10) 禁火区内，未办理好动火审批手续不烧。

第五节　起重机作业安全常识

建筑施工起重机械是一种垂直升降或垂直升降并可水平移动重物的机电设备。较为常用的施工起重机械主要包括：塔式起重机、施工升降机、物料提升机等。塔式起重机、施工升降机、物料提升机等施工起重机械的操作（也称为司机）、司索、指挥、安拆等作业人员属特种作业，必须按国家有关规定经专门安全作业培训，取得特种作业操作资格证书，方可上岗作业。

一、塔式起重机

塔式起重机在使用中常常因安全限位装置（四限位、两保险）不齐全或不可靠造成事故。

1. 塔式起重机的安全装置

塔式起重机“四限位”装置主要指力矩、超高、变幅、行走限位装置；“两保险”装置主要指吊钩保险和卷筒保险装置。

(1) 超载限制器。塔式起重机应装有超载限制器。当荷载达到额定起重量的 90%时，发出报警信号；当起重量超过额定起重量时，应切断上升方向的电源。

(2) 超高限制器。当吊钩架上升高度距定滑轮不小于 1 000 mm 时，超高限制器应能切断吊钩上升方向的电源。

（3）变幅限制器。小车变幅式塔式起重机，当小车行驶至距吊臂端部500 mm处时，应能切断小车运行方向的电源。

（4）回转限制器。对回转部分不设集电器的起重机，应安装回转限制器，起重机回转部分在非工作状态下必须保证可自由转动。对有自锁作用的回转机构，应安装安全极限力矩联轴器。

（5）行走限位器。限位器开关挡铁应设置在距道轨端部不小于3 m处，开关挡铁的两端最大距离不得大于电缆长度。限位器碰撞挡铁时应能切断运行方向的电源。

（6）吊钩保险。弹簧锁片或保险装置的锁片应能承受一定的水平横向力，以防钢丝绳窜动而损坏锁片造成保险装置失灵。禁止在吊钩上打眼或焊接。

（7）卷扬机滚筒保险。起升机构滚筒应安装防止起重钢丝绳越出滚筒的装置。

（8）夹轨钳是轨道运行式塔吊的安全装置，在下班、吃饭及较长时间的临时停车时，必须将四个轨钳同时卡紧，防止大风突然来临造成事故。塔吊应该具有安全装置。

2. 附墙装置

塔式起重机高度超过说明书规定的自由高度时，必须安装附墙装置。生产厂家所提供的附墙装置安装位置不能大于说明书要求的距离。

3. 塔式起重机的安装

(1) 塔吊基础。

1) 塔吊基础的混凝土必须做强度试压，并取得强度报告。

2) 基础预埋地脚螺栓应是塔机原厂产品，或符合试验单合格的要求。地脚螺栓要保持足够的露出表面的长度，每个地脚螺栓要用双螺帽预紧。

3) 基础表面的水平度不能超过 1/1 000，基础周围不得积水，不得随意挖沟或开沟。

(2) 多塔作业。

1) 两台或两台以上塔式起重机在相靠近的位置、轨道或在同一条轨道上作业时，应保持两塔式起重机之间的最小距离。保证处于低位的塔式起重机的臂端部与另一个塔式起重机塔身之间至少有 2 m 的距离。处于高位的塔式起重机（吊钩升至最高点）与低位的塔式起重机之间，在任何情况下，其垂直方向的间距不得小于 2 m。

2) 当施工现场存在交叉作业或因场地限制，不能满足要求时，应同时采取以下两种措施：

①组织措施。制定防碰撞措施，对塔式起重机作业范围及行走路线进行规定，对司机、指挥进行防碰撞的专项安全技术交底，并由专业监护人员监督执行。

②技术措施。应设置行程限位装置缩短臂杆、升高（下降）塔身等措施，防止塔式起重机超越作业范围，发生碰撞事故。

(3) 安装验收。塔式起重机试运转及验收包括以下主要内容：

1) 技术检查。检查塔式起重机各连接部位的紧固情况、滑轮与钢丝绳接触情况，电气线路、安全装置以及塔式起重机安装精度。在无载荷情况下，塔身与地面垂直度偏差不得超过 3‰。

2) 空载试验。按提升、回转、变幅、行走机构分别进行动作试验，并做提升、回转、变幅、行走联合动作试验。试验过程中碰撞各限位器，检验其灵敏度。

3) 额定荷载试验。吊臂在最小工作幅度，提升额定最大起重量，重物离地 200 mm，保持 10 min，离地距离不变（此时力矩限制器应发出报警讯号）。试验合格后，分别在最大、最小、中间工作幅度进行提升、回转、行走动作试验及联合动作试验。

4) 进行以上试验时，应用经纬仪在塔式起重机的两个方向观测塔式起重机变形及恢复情况，观察试验过程中有无异常情况，以及升温、漏油、油漆脱落等情况，进行记录、测定，最后确认是否合格。

5) 塔式起重机安装完毕必须进行试运转及验收，填写验收单，参加验收的人员及负责人必须本人签字。试运转及验收和检测要有翔实的纪录，塔式起重机垂直度、接地电阻值等必须有实测纪录和数据。

4. 操作员规定

(1) 操作人员要严格执行操作规程，认真做好塔式起重机工作前、工作中及工作后的安全检查和维修保养工作，严禁机械“带病运转”。

(2) 工作中的司机、指挥及司索人员要密切配合，严格按指挥信号操作。司机和指挥人员不得擅离工作岗位。

(3) 起重吊装中坚决执行“十不准吊”：

1) 超载或被吊物质量不清不准吊；

2) 指挥信号不明确不准吊；

3) 捆绑、吊挂不牢或不平衡可能引起吊盘滑动不准吊；

4) 被吊物上有人或浮置物不准吊；

5) 结构或零部件有影响安全的缺陷或损伤不准吊；

6) 斜拉歪吊和埋入地下物不准吊；

7) 单根钢丝绳不准吊；

8) 工作场地光线昏暗，无法看清场地被吊物和指挥信号不准吊；

9) 重物棱角处与捆绑钢丝绳之前未加衬垫不准吊；

10) 易烧易爆物品不准吊。

5. 塔吊使用安全注意事项

(1) 塔式起重机吊运作业区域内严禁无关人员入内，起吊物下方不准站人。

(2) 司机（操作）、指挥、司索等工种应按有关要求配备，其他人员不得作业。

（3）六级以上强风不准吊运物件。

（4）作业人员必须听从指挥人员的指挥，吊物起吊前作业人员应撤离。

（5）吊物的捆绑要求。

1）吊运散件时，应采用铁制料斗。料斗内装物高度不得超过料斗上口边，散粒状的轻浮易撒物盛装高度应低于上口边线10 cm。做到吊点牢固，不撒漏。

2）吊运条状的物件（如钢筋）时，所吊物件被埋置或起吊力不能明确判断时，不得吊运，且不得斜拉所吊物件。

3）吊运有棱角的物件时，应做好防护措施。

4）吊运物件时，吊运物质量应清楚，不得超载，且要捆绑。吊挂牢固、平衡。吊运物件上不得站人或有浮置物。

5）当起重机或周围确认无人时，才可闭合主电源。如电源断路装置上加锁或有标牌时，应由有关人员除掉后方可闭合主电源。

二、施工升降机使用安全知识

施工现场一般使用的施工升降机有两种：一种是外用电梯（人货两用电梯）；另一种是专为解决物料的垂直运输的物料提升机（龙门架、井字架）。

1. 外用电梯

外用电梯一般附着在建筑物外侧，所以称外用电梯。多以齿条传动，架体与建筑结构附着保证架体的稳定，载重量一般为1 000 kg，可以乘载施工人员或物料上下，是由专用厂家生产的定型产品。

(1) 安全装置。外用电梯的安全装置有制动器、限速器、门连锁装置，上、下限位装置等。

1）制动器。制动器是保证外用电梯运行安全的主要安全装置，必须灵敏可靠。由于电梯起动、停止频繁及作业条件的变化，制动器容易失灵，司机要严格执行日常维护保养制度，经常保持自动调节间隙机构的清洁。机械维修管理人员及安全管理人员要及时检查，及时维修，及时进行动作试验。

2）限速器。限速器是电梯的保险装置，电梯在每次安装后进行检验时，应同时进行坠落试验。限速器每两年标定一次(到有检验资质的单位)。

3）门连锁装置。门连锁装置要确保笼门关闭严密时，梯笼方可运行。

4）上、下限位装置：上、下限位装置应保障梯笼碰撞上、下极限位置时，自动切断运动方向的电源，制动停止。

(2) 外用电梯使用安全注意事项。

1）每班作业前必须做空载或额定荷载试验。将笼梯分别上升离地面1 m左右停车，检查制动器的灵敏性，正常后方可投入使用。

2）依据外用电梯使用说明书，在梯笼外明显位置悬挂额定荷载牌，标明额定载重量和额定人数，严禁超载使用。

3）外用电梯未加配重时，严禁载人（设计无配重的除外）。

4）外用电梯的使用必须有明确的联络信号，采用电铃、楼层对讲系统等，信号必须准确。

5）电梯必须经由培训考核取得《特种作业操作证》的专职电梯司机操作，禁止无证人员随意操作。

6）六级以上强风时应停止使用电梯，并将梯笼降到底层。台风、大雨后，要先检查安全情况后才能使用。

7）电梯笼乘人、载物时应使荷载均匀分布，严禁超载使用。

8）电梯安装完毕正式投入使用之前，应在首层一定高度的地方搭设防护棚，搭设应按高处作业规范要求进行。

9）电梯底笼周围 2.5 m 范围内，必须设置稳固的防护栏杆。各停靠层的过道口运输通道应平整牢固。

10）通道口处，应安装牢固可靠的栏杆和安全门，并应随时关好。其他周边各处，应用栏杆和立网等材料封闭。

11）乘笼到达作业层时，待梯笼停稳后才可推开梯笼的门。再推开平台口的防护门。进入平台后，随手关好平台的防护门。

12）从平台乘梯时，进入梯笼站稳后，先关好平台的安全防护门，然后才关梯笼的门。关好平台的安全门后，司机才能开动。

13）乘梯人在停靠层等候电梯时，应站在建筑物内，不得聚集在通道平台上，不得将头、手伸出栏杆和安全门外。不得以榔头、铁件、混凝土块等敲击电梯立柱标准节的方式呼叫电梯。

2. 物料提升机

物料提升机架体应使用厂家生产的定型产品，必须经法定的有关部门鉴定检验合格。

(1) 安全防护装置。一般物料提升机安全防护装置主要有：吊篮停靠装置、超高限位装置。

高架提升机的安全装置有：吊篮停靠装置、超高限位装置、下极限限位器、缓冲器、超载限制器。

1）吊篮必须设置定型化的停靠装置和断绳保护装置。停靠装置和断绳保护装置必须可靠、灵活。

①安全停靠装置。当吊篮运行到位时，停靠装置能将吊篮定位，并能可靠地承担吊篮自重、额定荷载和吊篮内作业人员和运送物料时的工作荷载。

②断绳保护装置。是安全停靠的另一种形式，即当吊篮运行到位作业人员进入吊篮内作业，或当吊篮上下运行中，若发生断绳时，此装置迅速将吊篮可靠地停住并固定在架体上，确保吊篮内人员不受伤害。

2）超高限位装置。在天梁底部不少于 3 m 处或卷扬机机体上，设置超高限位装置。超高限位装置必须灵敏可靠。使用摩擦式卷扬机时，超高限位装置必须采用报警方式，禁止使用断电方式。

3）提升机还必须安装紧急断电装置开关和信号装置。

4）下极限限位器。当吊篮达到最低限定位置时，限位器自动切断电源，吊篮停止下降。

5）缓冲器。在架体的最下部底坑内设置缓冲器，当吊篮以额定荷载和规定的速度作用到缓冲器上时，应能承受相应的冲击力。

6）超载限位器。在达到额定荷载的 90％时，发出报警信号提示司机，荷载达到和超过额定荷载时，切断起升电源。

（2）与建筑物的拉结。

1）连墙杆件的设置应符合设计要求，间隔宜不大于 9 m，且在建筑物顶层必须设置 1 组，架体的自由高度不应超过 6 m。

2）连墙杆件材质应与架体材料相同。

3）连墙杆件与架体及建筑物结构之间，均应采用刚性连接，并形成稳定结构。

4）禁止架体与建筑脚手架连接。

（3）对钢丝绳的要求。钢丝绳应维护保养好，不得有严重的扭结、变形、锈蚀、断丝、缺油现象，严禁使用拆减、接长或报废的钢丝绳。

1）钢丝绳应用配套的天轮和地轮等滑轮。滑轮组直径与钢丝绳直径比值：低架提升机应不小于 25；高架提升机应不小于 30。滑轮组与架体（或吊篮）应采用刚性连接，严禁采用钢丝绳、铅丝等柔性连接，或使用开口滑轮。

2）钢丝绳在卷筒上要排列整齐，不得咬绳和相互压绞，不得从卷筒下方卷入。当吊篮处于工作最低位置时，不得少于 3 圈。

3）卷筒上的绳端固接应选用与其直径相适应的绳卡、压板等固定牢固。采用绳卡固接时，工作绳卡数量不得少于 3 个，此外，还应在尾端加一个安全绳卡。绳卡间距应不小于钢丝绳直径的 6 倍，绳头距安全绳卡的距离不小于 140 mm，并用细钢丝绳捆扎。绳卡滑鞍放在钢丝绳工作时受力的一侧，U 形螺栓扣在钢丝绳的尾端，不得正反交错设置绳卡。

4）在天梁上固定端应有防止钢丝绳受剪的措施。

5）钢丝绳在地面上的部分，不得拖地，过路处要有保护措施。

(4) 楼层卸料平台。楼层卸料平台的宽度不小于 800 mm，采用木脚手板横铺，铺满、铺严、铺稳。严禁用钢模板做平台板。

1）平台两侧应设 1～1.2 m 高防护栏杆，并挂安全网。

2）卸料平台内侧均应设定型化、工具化的防护门，防护门要开、关灵活，使用方便、有效，防护门高1～1.2 m。

3）设置防护棚和防护门。防护棚宽度应大于提升机的外部尺寸，长度：低架提升机应大于3 m，高架提升机应大于5 m。防护棚顶部铺厚度不小于50 mm的木板，并铺满、铺严。防护门应在吊篮离开地面上升时自动落下，吊篮落下到地面时自动抬起。

(5) 吊篮。吊篮两侧应设置固定栏板，其高度为1～1.2 m。

1）吊篮进出料口必须设置定型化、工具化的安全门，进出料时开放，垂直运输时关闭。安全门应开、关灵活，结实严密。

2）高架提升机应采用吊笼运送物料，吊笼的顶板可采用厚度50 mm的木板。

3）吊篮严禁使用单根钢丝绳提升。

(6) 物料提升机安装与拆除安全要求。

1）高架提升机的基础应进行设计，其埋深和做法应符合设计和使用规定。低架提升机基础：土层压实后承载力应不小于80 kPa；浇注300 mm厚C20混凝土并预埋地脚螺栓；基础表面应平整，水平度偏差不大于10 mm；基础上平面略高于地坪，并做排水沟。

2）架体安装的垂直偏差、架体与吊篮间隙应符合《龙门架井架物料提升机安全技术规范》的规定。

3）架体的外侧必须采用安全网封闭。

4）井字架与各楼层通道连接的开口处，必须采取加强措施。

5）提升机附设摇臂把杆时，必须进行设计计算。

6）禁止使用倒顺开关作为卷扬机的控制开关。

7）提升机安装和拆除前，操作人员要仔细检查现场周围环境，清除障碍物，划定危险区并设置围栏或警戒标志，拆除时要设专人监护。

8）安装和拆除要统一指挥，操作人员要服从领导、密切配合，严格按交底顺序、安全措施进行，特别是拆除缆风绳时要注意架体的稳定情况。

9）安装和拆除作业中，严禁从高处向下抛掷物体。拆下的杆、件等应及时清理，放置在规定的位置，并码放整齐。

10）安装和拆除卷扬机，必须先切断电源，经检查无误后才能进行拆除作业。

11）安装和拆除缆风绳或连墙杆件前，应先设置临时缆风绳或支撑，确保架体自由高度不大于两个标准节。

12）安装和拆除龙门架天梁前，应先分别对两立柱采取稳固措施，保证单柱的稳定。

13）安装和拆除作业宜在白天进行，夜间作业应有良好的照明。因故中断作业时，应采取临时稳固措施。

（7）传动系统。

1）宜选用可逆式卷扬机，高架提升机不得选用摩擦式卷扬机，卷筒与钢丝绳直径比应不小于30。卷扬机滚筒上必须设防止钢丝绳超越卷筒两端凸缘的保险装置。

2）卷扬机钢丝绳的第一个导向滑轮（地轮）与卷扬机卷筒中心线的距离，带槽卷筒应大于卷筒宽度的15倍，无槽卷筒应大于20倍。

3）卷扬机固定，必须埋设满足受力的地锚。地锚与卷扬机的拉结应采用一级圆钢牢固固定，其直径必须满足要求。不得利用树木、电杆或桩锚固定卷扬机。

(8) 使用管理要求。

1）提升机上应标明提升质量，严禁超载运行。

2）吊篮提升后，吊篮下严禁有人停留。

3）上料人员要远离提升机，其他各层人员不得向竖井内探头。

4）吊篮与架体的涂色应有明显区别。

5）严禁乘坐吊篮上下。

6）吊运材料的长度应严格控制。一般不得超过吊篮的长度。如超过长度，必须采取有效措施，并将材料捆绑、垫稳。码放高度不得超过栏板，零散材料应装入容器后进行吊运。

7）提升机第一次投入使用前，应按设计文件及使用说明书进行空载、额定荷载、超载试验，安全装置可靠性试验，特定情况下应重新进行超载试验外的其他试验。提升机使用前及使用中要按规定进行定期检查和日常检查。

8）卷扬机应搭设操作棚，操作棚要防雨、防砸。

9）吊篮升降必须有统一的指挥信号（旗、笛、电铃等），做到指挥信号准确无误。

10）物料提升机用于运载物料，严禁载人员上下。装卸料人员、维修人员必须在安全装置可靠或采取了可靠的措施后，方可进入吊笼内作业。

11）物料提升机进料口必须加装安全防护门，并按高处作业规范搭设防护棚，设安全通道，防止人员从棚外进入架体中。

12）物料提升机在运行时，严禁对设备进行保养、维修，任何人不得攀登架体和从架体内穿过。

三、起重吊装安全常识

1. 起重吊装前的准备工作

（1）作业前应根据作业特点编制专项施工方案，并对参加作业人员进行安全技术交底。

起重作业前，应根据施工组织设计或施工方案划定危险作业区域，并设醒目的警戒标志，防止无关人员进入。在路口或行人车辆易出现的位置应设有专人警戒。

（2）起重机启动前重点检查项目。

1）各安全保护装置和指示仪表齐全完好。

2）钢丝绳及连接部位符合规定。

3）燃油、润滑油、液压油及冷却水添加充足。

4）各连接件无松动。

5）轮胎气压符合规定。

6）作业前，应全部伸出支腿，并在撑脚板下垫方木，调整机体使回转支撑面的倾斜度不大于 1/1 000。

7）汽车式起重机起吊作业时，汽车驾驶室内不得有人，重物不得超越驾驶室上方，且不得在车的前方起吊。

8）起吊重物达到额定起吊质量的 90%以上时，严禁同时进行两种及以上的操作动作。

9）当轮胎式起重机带载行走时，道路必须平坦坚实，重物应在起重机正前方，载荷不得超过允许起吊质量的 70%，重物离地面不得超过 500 mm，并应拴好拉绳，缓慢行驶。行驶时，在底盘走台上严禁人员站立或蹲坐，并不得堆放物件。

10）对作业路面的要求：

①作业道路平整坚实，一般情况纵向坡度不大于 3%，横向坡度不大于 1%。行驶或停放时，应与沟渠、基坑保持 5 m 以外，且不得停放在斜坡上。

②地面铺垫的材料要符合规定，不得使用腐朽和易碎的材料当作起重机械的铺垫。

11）起重机械及配套装置安装完毕后，需经主管领导组织有关部门进行验收，合格后方可作业。

(3) 对钢丝绳的要求。起重钢丝绳应满足不同用途的安全系数。钢丝绳按起重方式确定安全系数，人力驱动时，安全系数不小于4.5；机械驱动时，不小于5～6。

1) 钢丝绳在卷扬机滚筒上的安全圈数不小于3圈，绳的末端固定牢靠，在保留2圈的状态下应能承受1.25倍的钢丝绳额定拉力。

2) 卷扬机的额定拉力大于85 kN时应设置排绳装置，卷扬机卷筒边缘至最外层钢丝绳的距离不小于钢丝绳直径的2倍。

3) 缆风绳用钢丝绳绳径应经过计算，且安全系数不小于3.5，过输电线路应符合要求。

4) 用绳卡连接时应满足要求，同时，连接强度不得小于钢丝绳破断拉力的85%；用编接时，编接长度应大于或等于绳径的15倍，且不得小于300 mm。同时，连接强度不得小于钢丝绳破断拉力的75%。

5) 钢丝绳锈蚀、磨损、断丝应按《起重机械钢丝绳检验及报废实用规程》检验，降低标准使用或做报废处理。

6) 钢丝绳失去正常状态，产生下列情形时，不宜再做起重吊装用绳：波浪形；笼状畸变；绳股、绳芯或钢丝挤出；绳径局部增大或缩小；钢丝绳拱扁；扭结、弯折，或被电弧灼伤或加热退火。

7) 滑轮与钢丝绳要匹配合理。滑轮槽应光洁平滑，不得有损伤钢丝绳的缺陷。滑轮出现以下情形时应报废：裂纹或轮缘破损；轮槽不均匀磨损超过 3 mm；滑轮槽的壁厚磨损达 20％；滑轮槽底部磨损超过钢丝绳直径的 25％；其他磨损钢丝绳的缺陷。

8）地锚应按施工方案规定的规格和位置设置，如发现有沟坑、地下管线等情况，应重新选择锚点。

（4）吊点设置的位置。

1）在重物起吊、翻转、移位等作业中都必须使用吊点，吊点应与重物的重心在同一垂直线上，且应在重心之上（吊点与重物重心的连线和重物的横截面垂直），保证重物垂直起吊，禁止斜吊。

2）当采用几个吊点起吊时，各吊点的合力作用点应在重物重心的位置上。必须正确计算每根吊索的长度，保证重物在吊装过程中始终保持稳定。

3）构件无吊鼻需要用钢丝绳捆绑时，必须对棱角处采取保护措施，防止切断钢丝。

4）索具应按施工方案确定的要求选用，并符合安全要求。吊索用钢丝绳应采用 6×19 或 6×37 型钢丝绳制作。钢丝绳做吊索时，其安全系数不小于 6～8。

5）使用卡环应使长度方向受力，绳卡压板应在受力绳一侧。

2. 起重吊装时应注意的事项

(1) 汽车吊、轮胎吊必须由起重机司机驾驶，严禁同车的汽车司机与起重机司机相互替代（司机持有两种证件的除外）。

1）起重机的指挥信号必须符合国家标准《起重吊运指挥信号》的规定。

2）当在高处作业，若受条件限制时，必须设置信号传递人员，确保起重机司机能清晰准确地看到或听到指挥信号。

3）起重吊装作业，吊装指挥、司机、起重工要密切配合，严格按照起重操作规程作业。

(2) 经常使用的起重机工具注意事项。

1）手动倒链。操作人员应经培训合格后方可上岗作业，吊物时应挂牢后慢慢拉动倒链，不得斜向拽拉。当一个人拉不动时应查明原因，禁止多人一齐猛拉。

2）手扳葫芦。操作人员应经培训合格后方可上岗作业，使用前检查自锁夹紧装置的可靠性，当夹紧钢丝绳后，应能往复运动，否则禁止使用。

3）千斤顶。操作人员应经培训合格后方可上岗作业，千斤顶置于平整坚实的地面上，并垫硬木防止滑动。开始操作时应逐渐顶升，注意防止顶歪，始终保持重物的平衡。

因施工需要，某大酒店工程项目部向某建筑总公司建筑机械租赁公司租赁了1台SCD 200/200 A型双笼施工升降机，由具有安装资质的租赁公司（下称安装单位）自行安装。2003年9月20日，租赁公司、设备生产厂家派出技术人员、安装工人到场安装。至11月15日，该施工升降机导轨架安装到28.8 m（19节标准节）高度，并在建筑结构2层、5层楼板面分别设置两道附着装置。但上行程开关曲臂未固定，上极限限位撞块、天轮架、天轮、对重均未安装。安装单位未对施工升降机进行全面检查，也未办理验收手续，即于11月16日向工程项目部出具了工作联系单，申明“安装验收完毕，该项目交付使用，并于即日起开始收取租赁费”。11月20日6时，由无证上岗操作的女司机开动该施工升降机的一个吊笼载2名工人驶向6楼，吊笼运行超出导轨架顶后从高空倾翻坠落，吊笼内3人当场死亡。

事故的直接原因：使用时，施工升降机上极限开关曲臂未固定，使高度电气限位功能失效；上极限限位撞块、天轮架未安装，使高度机械限位功能失效；无证上岗司机违章操作，将吊笼开出导轨架，此时无任何安全保护装置对吊笼起限位保护作用，导致吊笼冒顶倾翻坠落，笼内人员当场死亡。

第六节　厂内机动车安全作业常识

厂内运输一般指的是：原材料进厂，原材料搬运入库或堆放，由仓库或料场至车间或生产班组、车间之间、工段班组内部、工序之间的运送，废料、废渣的运送以及成品出厂等。

根据各个企业所处地理位置及生产工艺情况的不同，所采用的运输方式也不同。一般有以下几种。

要搞好安全生产，必须抓好厂内运输的安全工作。尤其要抓好厂内道路的建设，驾驶员及跟车人员的安全教育，车辆的维修保养等。

一、安全运输对厂内道路的要求

道路运输是普遍采用的运输方式，因此道路的好坏直接关系到运输效率和运输安全。为了确保运输安全，工矿企业的道路应按《工矿道路设计规范》等有关规定设计。

(1) 道路的平面布置要合理。宽度、路面、坡度等应适合工厂生产、运输、防震、防尘等要求，有利于搬运装卸机械和工厂发展的需要。

(2) 有关道路的宽度、转弯半径、视距的规定。

1) 道路的宽度（见表 6—3)。

2) 车辆最小转弯半径（见表 6—4)。

表6—3　　厂内道路宽度

道路类别	路面宽度，m		
	Ⅰ类企业	Ⅱ类企业	Ⅲ类企业
大型厂主干道	9	7～9	6～7
大型厂次干道 中型厂次干道	7～9	6～7	6
中型厂次干道 小型厂主、次干道	6～7	4.5～6	3.5～6
辅助道	3.5～4.5	3～4.5	3～3.5

注：Ⅰ类企业——钢铁、港口、大型联合企业等；Ⅱ类企业——重型机械、有色冶炼、炼油、化工橡胶、机车车辆、造船、汽车及拖拉机制造厂等：Ⅲ类企业——轻工、纺织、仪表、电子、火力发电、建材、食品、一般机械等。

表6—4　　车辆最小转弯半径

车辆类别	最小转变半径，m
40～60 t平板车	15～18
15～25 t平板车	12～15
汽车带一辆挂车	9～12
二轴载重汽车	8～9
电瓶车、叉车	3～4

3）道路交叉口处，应保证车辆驾驶员有足够的视野，不应有阻碍视线的障碍物。如无法保证足够的视野，则必须采取可靠的安全措施，设人岗或设反光镜等。在交通繁忙的交叉路口应设交通岗。视野距离 S 应保证在12～18 m（见图6—17）。

二、厂内运输安全要求

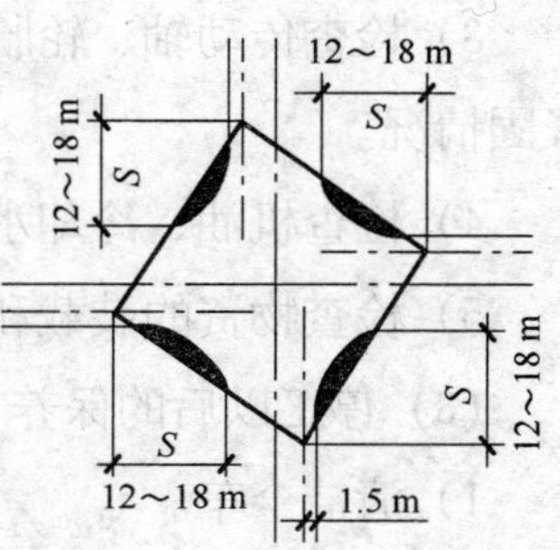

图 6—17　机动车驾驶员视野距离

1. 对车辆的要求

完好的车辆是搞好安全行驶的基本条件，因此必须严禁“病”车跑运输。要做到这点，必须严格遵守例行保养制度（出车前、行驶中和返车后的检查）。凡机动车行程满 1 000～2 000 km 应进行一级保养（厂区运输车辆约半年进行一次）。

（1）出车前检查的内容

1）检查燃油、机油、冷却水是否加足。

2）检查不同转速下发动机和各仪表的工作情况。

3）检查方向、制动、轮胎、灯光、喇叭、雨刮和牵引装置的完好状态。

4）检查随车工具、附件是否带齐。

5）检查物资装载是否合理、安全、可靠。

（2）行驶中检查的内容

1）在行驶中要随时注意各仪表、发动机和底盘各部分的工作状态。

2）停车时检查轮毂、制动器、变速器、分动器、差速器和三桥传动轴中间支撑的温度是否正常。

3）检查传动轴、轮胎、钢板、转向和制动装置的状态及紧固情况。

4）检查机油、冷却水的液面高度和有无渗漏现象。

5）检查物资的装载和被牵引的情况。

(3) 停工以后的保养

1）清洁全车。

2）加添燃油、润滑油、冷却水（冬季气温低的地区应放出冷却水）。

3）检查风扇皮带和空气压缩机皮带紧度。

4）扭转机油粗滤器手槽2～3转。

5）检查轮胎气压，清洁蓄电池及储气筒。

6）凡发现的各种故障，都要及时排除。

2. 对驾驶员的要求

厂内运输车辆的驾驶员属特种作业人员，因此，必须具备与工作性质相适应的条件。

厂区车辆驾驶员必须做到以下几点：

(1) 必须经过专业培训，并经过不少于6个月的培训实习期，经有关部门考试合格，取得特种作业证后方能单独驾驶车辆。

(2) 必须认真学习并严格遵守交通规则。

(3) 不酒后开年，行车及加油时不吸烟、饮食、闲读，驾驶室不得超额坐人，叉车、电瓶车不带人。

（4）车辆发动前先对其检查，不开“病”车。

（5）车辆起步时先查看周围有无人员和障碍物，再鸣号起步。

（6）驾驶员应定期进行体格检查，发现患有禁忌驾驶的症状，必须调换工作。

驾驶员除了做到上述几点外，在行车方面还必须做到“十慢”“十不开车”。

“十慢”是指：起步慢、转弯慢、下坡慢、会车慢、倒车慢、拖车慢、人多交叉路口慢、视线不良慢、雨天泥滑慢、过桥慢。

“十不开车”是指：车门不关好不开车，安全设备不良不开车，人没坐稳不开车，物没装好不开车，脚踏板（或叉车）站人不开车，胎架站人不开车，翻斗（车厢）不落好不开车，交接班没有检查不开车，超高、超长、超载不开车，没有随身携带驾驶证不开车。

3. 厂区车辆的限速规定

厂内车辆的限速规定见表6—5。

表6—5　　厂区内车辆限速速度　　km/S

车辆名称	行驶限速	倒车限速	车间内限速	进出大门限速
汽车	≤20	≤3	≤3	≤5
电瓶车	≤5			

4. 装卸货物时的安全要求

（1）不准超载。

（2）不准超高：交通规则规定，大卡车（自地面算起）载物不得超过 4 m；小卡车不得超过 2.5 m。

（3）不准超宽：装载的货物左右不超出车厢或前轮罩壳 15 cm。

（4）不准超长：大卡车上载物伸出车厢前后的总长度不得超过 2 m；小卡车不得超过 1 m；超出部分不得触地。

（5）装载大件和易滚动的货物，应用绳索捆紧、拴牢、垫死，以免车辆转弯、急刹车时造成货物滚动，挤伤随车装卸人或造成货物翻滚出车厢等事故。

（6）装载货物的重量分布要均匀，车厢前后左右要基本相等，切勿偏重一边。

（7）装卸时，车辆与堆放物距离一般不小于 2 m，与易滚动物品的距离不少于 3 m。车辆间距不小于 2 m，并列时不少于 1.5 m。

5. 运输危险物品的安全要求

（1）装载危险品的车辆驾驶室上方应装上带有危险品字样的黄色三角警灯，或插上一面有“危险品”的黄旗。车上应有消防器具，要有消除静电的接地装置，或在排气管上装灭火罩，严禁烟火上车。

（2）装车时禁止震动，不准将货物拖、拉、翻滚或抛掷，应轻拿轻放。同时应注意包装是否牢固，是否将货物倒置了，箱与箱之间要挤紧，以减少震动。

(3) 车装好后，要用篷布盖严，注意防潮。

(4) 装运雷管、炸药等易爆物品时，炸药与雷管必须分车装运。装载时必须小心轻放，切忌碰撞。装运时的重量是额定载重量的 2/3，不能在发动机工作时向油箱内加油。

(5) 行驶时不要急骤起步，紧急停车，车开得要平稳，转弯要减速，不要任意超车及高速行驶，要适当加大同向行车的间距，也不要在厂区的非卸车点停车。

(6) 有爆炸危险的设备必须有泄压装置，有可能着火的设备必须有阻止着火的装置才能装运。

(7) 互相接触易引起燃烧、爆炸的物品，不得混装在同一辆车内。

(8) 装卸搬运各种危险化学品时，必须轻拿轻放，严禁撞击、重压、摩擦和倾倒。应带好必要的防护用品、工具，工作完毕后要进行清洗消毒。

(9) 中途停车或装卸时，应选择荫凉处，离开火源和人群密集的地方。驾驶员不可离开车辆，不得让其他无关人员接近车辆。

(10) 夏季装运危险品要避免在中午烈日下工作，必须装运时要有遮阳设施，防止暴晒。

第七节　中小型机械安全作业常识

中小型施工机械主要包括：混凝土、砂浆搅拌机、卷扬机、蛙式打夯机、砂轮机、混凝土振捣器、钢筋切断机、钢筋弯曲机、钢筋冷拉机、圆盘锯等。

一、一般规定

(1) 在施工现场，操作中小型机械要经过操作培训，取得操作证才能操作。

(2) 使用施工机械必须经管理人员许可，未经许可，任何人不得擅自使用机械。

(3) 使用机械前，必须对机械进行检查和试运转。如发现有不符合使用要求的地方，不得使用，一定要经过维修，排除故障、消除隐患后，才能使用。

(4) 在使用机械设备的过程中，操作人员应做到“调整、紧固、润滑、清洁、防腐”“十字”作业的要求，按有关要求对机械设备进行保养。

(5) 严格遵守安全操作规程，严禁违章操作，操作人员在作业时不得擅自离开工作岗位。

二、混凝土（砂浆）搅拌机

搅拌机安装一定要平稳、牢固。用支架或支架筒架稳，不准以轮胎代替支撑。长期固定使用时，应埋置脚螺栓。

开动搅拌机前应检查离合器、制动器、钢丝绳等是否良好，滚筒内不得有异物。

料斗提升时，严禁在料斗下工作或穿行。清理料斗坑时，必须先切断电源，锁好电箱，并将料斗双保险钩挂牢并插上保险插销。

运转时，严禁将头或手伸入料斗与机架之间查看，不得用工具或物件伸入搅拌筒内。

运转中严禁保养、维修。维修、保养搅拌机必须拉闸断电，锁好电箱，挂好“有人工作严禁合闸”牌，并有专人监护。按照电气规定，设备外壳应做保护接零。露天使用的搅拌机应有防雨篷。

三、混凝土振捣器

混凝土振捣器作业环境潮湿，且经常移动，因此要特别防止触电事故。

使用时应注意以下事项：

(1) 使用前，应检查各部分连接是否固定，旋转方向是否正确。

（2）振捣器不能在初凝的混凝土、地板、脚手架、道路和干硬的地面上试振。在检修或作业间断时，应切断电源。

（3）操作时，振捣棒应自然垂直地沉入混凝土，不能用力硬插、斜推，或使用钢筋夹住棒头，不能全部插入混凝土中。

（4）作业时，振动电动机应有足够长的导线和松度，严禁移动振捣器时拉电缆线。

（5）作业时，操作人员须穿胶鞋，戴绝缘手套。

（6）严禁使用振捣棒在钢筋上振动。

（7）用绳拉振捣器时，拉绳应干燥绝缘，移动或转向时不得用脚踢电动机。

四、钢筋切断机

钢筋切断机工作时的危险主要有：传动部位（传动带轮、开式齿轮）无防护罩，作业时伤害人的手指等身体部位或传动带断裂弹出伤人；手指等身体部位不慎进入刀口受到伤害；切断的钢筋崩出或摆动伤人；触电等。

使用时应注意以下事项：

（1）起动后，先空运转，检查各部传动及轴承运转正常。

（2）机械未达到正常转速不得切料，切断时必须使用刀刃的中下部剪切。

（3）钢筋切断应在调直后进行，断料时要握紧钢筋，刀口垂直，并在活动刀片向后退时将钢筋送进刀口，防钢筋摆动或崩出伤人。

(4) 切断钢筋时，手和刀刃之间的距离应保持在 15 cm 以上，如手握端小于 40 cm 时，应用夹具或套管将钢筋端头压牢，不得用手直接送料。

(5) 运转中，严禁用手直接清除刀口上的断头或杂物。

(6) 发现机械运转不正常，有异响或刀片歪斜等情况，应停机检修。

五、钢筋弯曲机

钢筋弯曲机应按被加工钢筋的直径和弯曲半径的要求，装好相应规格的芯轴和成型轴、挡铁轴。挡铁轴的直径和强度不得小于被弯钢筋的直径和强度。

作业时，应将钢筋须弯曲一端插入转盘固定销的间隙内，另一端紧靠机身固定销，并用手压紧。应检查机身固定销并确认安放在挡住钢筋的一侧，方可开动。

作业中，严禁更换轴芯、销子、变换角度以及调整，也不得进行清扫和加油。

对超过机械铭牌规定直径的钢筋，严禁进行弯曲。不直的钢筋，不得在弯曲机上弯曲。

在弯曲钢筋的作业半径内和机身不设固定销的一侧严禁站人。

转盘换向时，应待切断机停稳后进行。

作业后，应及时清扫转盘及插入座孔内的铁锈、杂物等。

六、钢筋调直切断机

钢筋调直切断机应按被调直钢筋的直径，选用适当的调直块及传动速度。调直块的孔径应比钢筋直径大2～5 mm，传动速度应根据钢筋直径选用，直径大的宜用慢速。经调试合格，方可作业。

在调直块未固定、防护罩未盖好前不得送料。作业中严禁打开各部防护罩并调整间隙。

当钢筋送入后，手与轮应保持一定的距离，不得接近。

送料前应将不直的钢筋端头切除。导向筒前应安装一根1 m长的钢管，钢筋应穿过钢管再送入调直前端的导孔内。

七、钢筋冷拉机

钢筋冷拉机进行钢筋冷拉时，钢筋被拉断、夹具滑脱、卷扬机固定不牢等将对操作人员或他人造成伤害，使用时应注意以下事项：

（1）卷扬机的位置必须使操作人员能见到全部冷拉场地，距离中线不小于5 m。

（2）冷拉场地在两头地锚外要设置警戒线，并设栏杆防护和警示牌，严禁非作业人员在此停留，操作人员在作业时必须离开钢筋2 m以外。

(3) 冷拉应缓慢、均匀地进行，随时注意停车。见有人进入时应停拉，并稍稍放松钢丝绳。

(4) 夜间工作照明设施应设在张拉区外，如需设在工作场地上空，其高度应超过 5 m。

八、圆盘锯

圆盘机作业前应检查安全防护装置是否齐全有效，操作时应注意以下事项：

(1) 锯片必须平整，锯齿尖锐，不得连续缺齿两个，锯齿高度不得超过 20 mm。

(2) 被锯木料厚度，以锯片能露出木料 10～20 mm 为限。

(3) 启动后，须等转速正常后，方可进行锯料。

(4) 送料时，不得将木料左右晃动或高抬，遇木节时要缓慢送料。锯料长度不小于 500 mm。接近端头时，应用推棍送料。

(5) 若锯线走偏，应逐渐纠正，不得猛扳。

(6) 操作人员不应站在与锯片同一直线上操作，手臂不得跨越锯片工作。

九、蛙式打夯机

蛙式打夯机使用时容易发生触电事故，所以作业时应注意以下事项：

（1）蛙式打夯机手把上应安装按钮开关，并包绝缘材料。操作时应戴绝缘手套，穿绝缘鞋。

（2）夯实作业时，应一人扶夯，一人传递电缆线。电缆线不得扭结或缠绕，且不得张拉过紧，应保持有 3～4 m 的余量。移动时，应将电缆线移至夯机后方，不得隔机扔电缆线，当转向困难时，应停机调整。

（3）作业时，手握扶手保持机身平衡，不得用力向后压，并应随时调整行进方向。转弯时不得用力过猛，不得急转弯。

（4）夯实填高土方时，应在边缘以内 100～150 mm 夯实 2～3 遍后，再夯实边缘。

（5）在较大基坑作业时，不得在斜坡上夯行，应避免造成夯头后折。

（6）夯实房心土时，夯板应避开房心地下构筑物、钢筋混凝土基桩、机座及地下管道等。

（7）在建筑物内部作业时，夯板或偏心块不得打在墙壁上。

（8）多机作业时，其平行间距不得小于 5 m，前后间距不得小于 10 m。

（9）夯机前进方向和夯机四周 1 m 范围内，不得站立非操作人员。

（10）作业时严禁夯击电源线。

十、潜水泵

潜水泵用于水下抽水，若设备安全状况不好，使用不当，容易发生触电事故。使用潜水泵时应注意以下事项：

(1) 潜水泵作业时要使用高灵敏度的漏电保护器（额定动作电流应小于 15 mA，额定动作时间应短于 0.1 s)。

(2) 潜水泵应放在坚固的筐内置于水中，或设坚固的护网。

(3) 潜水泵要直立地放在水中，水深不得低于 0.5 m。

(4) 潜水泵不能当作污水泵使用。

(5) 泵放入水中或提出水面时要先断电，严禁提拉电缆或出水管。

(6) 严禁抽水时人在同一片水中工作。下水前，一定要切断电源。

十一、砂轮机

砂轮机使用时要注意防止触电、砂轮伤人和碎物伤人事故，如砂轮崩裂碎片伤人、磨屑飞入眼内等，使用时应注意以下事项：

(1) 砂轮机严禁安装倒顺开关，以免引起误操作。

(2) 砂轮的旋转方向禁止对着主要通道。

(3) 操作者应站在砂轮侧面。

（4）不准两人同时使用一个砂轮。

（5）砂轮不圆，有裂纹和损坏时不得使用。

（6）手提电动砂轮的电源线，不得有破损漏电，使用时要戴绝缘手套。先启动，后接触工件。

十二、交流电焊机

交流电焊机使用时应注意以下事项：

（1）外壳必须有保护接零，应有二次空载降压保护器和触电保护器。

（2）电源应使用自动开关，接线板应无损坏，有防护罩。一次线长度不超过 5 m，二次线长度不超过 30 m。

（3）焊接现场 10 m 范围内，不得有易燃、易爆物品。

（4）雨天不得室外作业。在潮湿地点焊接时，要站在胶板或其他绝缘材料上。

（5）移动电焊机时，应切断电源，不得用拖拉电缆的方法移动。当焊接中突然停电时，应立即切断电源。

十三、桩机

桩机目前使用较多的是电动落锤打桩机、冲孔桩机、柴油打桩机、钻孔桩机和静压桩机等。

根据国家规定，桩机施工属于特种作业范畴，桩机作业人员必须持证上岗。施工时入桩操作工不得少于 5 人，冲（钻）

桩操作工不得少于 3 个人。非专业人员不准操作桩机作业。

使用时应注意以下事项：

(1) 凡进入施工现场，一律要戴安全帽，不准赤脚或穿拖鞋。

(2) 打桩作业人员必须持证上岗，严禁酒后操作。

(3) 桩机作业或桩机移位时，要有专人统一指挥。

(4) 桩机机架上必须配有 1211 灭火器。

(5) 空旷场地上施工的桩机要有防雷装置。

(6) 施工场地要平整压实，在基坑和围堰内作业，要配备足够的排水设备。

(7) 桩机行走的场地要填平夯实，大方木铺设要平稳，每条大方木不应短于 4 m。

(8) 桩机周围 5 m 以内严禁闲人进入，记录、监视人员应距桩锤中心 5 m 以外。

(9) 不准利用桩架斜吊钢筋笼、枕木或预制杆件。

(10) 作业时，严禁用脚代手操作。

(11) 不得坐在或靠在卷扬机或电气设备上休息，严禁跨越工作中的牵引钢丝绳，严禁用手抓住或清理滑轮上正在运行的钢丝绳，严禁用手或脚拨弄卷筒上正在运行的钢丝绳。

(12) 在桩架顶等地方进行高空作业时，必须系好安全带或安全绳，桩机应停止运转，等高空作业人员下来后，方可重新开机。

(13) 桩机在起吊桩锤、桩、钢筋笼等重物或桩架时，在重物下面和把杆的下风处严禁站人。

(14) 禁止边打桩作业，边焊接修理桩架。

(15) 吊料、吊桩、行走和回转等动作，严禁两个动作同时进行。

(16) 作业人员不准擅自离开岗位。

(17) 成孔后，必须将孔口加盖保护。

(18) 吊钩必须选专用吊钩并有钢丝绳防脱保护装置。

(19) 卷扬机卷筒应有防脱绳保护装置。

(20) 不准使用断股、断丝的钢丝绳，卷筒排绳不得混乱，绳端固定必须符合要求，传动部分的钢丝绳不准接长使用。

十四、防止机械伤害

防止机械伤害应遵循“一禁、二必须、三定、四不准”原则。

1.“一禁”

不懂电气和机械的人员严禁使用和摆弄机电设备。

2.“二必须”

(1) 机电设备应完好，必须有可靠有效的安全防护装置。

(2) 机电设备停电、停工休息时必须拉闸关机。

3.“三定”

(1) 机电设备应做到定人操作，定人保养、检查。

（2）机电设备应做到定机管理、定期保养。

（3）机电设备应做到定岗位和岗位职责。

4.“四不准”

（1）机电设备不准带病运转。

（2）机电设备不准超负荷运转。

（3）机电设备不准在运行时维修保养。

（4）机电设备运行时，操作人员不准将头、手、身伸入运转的机械行走和运行范围内。

第八节　其他常见工种安全作业常识

建筑施工需要多专业、多工种、多单位密切配合、共同创造，只有全面提高施工管理水平，保证工程建设质量，才能确保工程的顺利完成。

一、混凝土浇筑作业

混凝土浇筑作业，较易发生高处坠落、触电、坍塌等，作业中应注意：

（1）浇筑混凝土要穿胶质绝缘鞋、戴绝缘手套，使用的混凝土振动器要在 3 m 内设有专用开关箱，夜间施工要有足够照明。

（2）浇筑混凝土用串筒、溜槽，要连接牢固，操作平台周边设防护栏杆。

(3) 拱形结构要两边对称浇筑，防偏压造成坍塌；浇筑料仓漏斗形结构，要先将下口封闭，防止高处坠落；浇筑离地面2 m以上框架、过梁、雨篷、小平台，要站在操作平台上作业，不得站在模板和支撑杆上作业。

(4) 垂直运输采用井架时，手推车车把不得伸出笼外，车轮前后应挡牢，并要稳起稳落。

(5) 泵送混凝土时，输送管道接头应紧密可靠，不漏浆，安全阀必须完好，管道支架要牢固。正式输送前先试送，检修前必须卸压。

二、油漆、防水作业安全常识

油漆、防水作业容易发生中毒窒息、火灾事故。作业中应注意：

(1) 油漆材料和防水材料通常都具有毒性、刺激性或易燃易爆性，必须设专用库房存放，且不得与其他材料混放。易挥发的油漆、防水材料必须存在密闭容器内，并设专人保管。库房应有良好通风，设置消防器材，并在醒目位置悬挂“严禁烟火”标志。且严禁住人，与其他建筑物保持安全距离。

(2) 施工作业中，要尽可能保持良好通风，按规定戴防护口罩、防护眼镜或专门防护面罩；作业人员禁带火种，严禁明火与吸烟；每间隔1～2 h就应到室外空气新鲜地方换气；感到头痛、恶心、胸闷、心悸应停止作业，立即到室外换气。

(3) 在密闭缺氧空间内作业（如罐体内油漆，建筑水箱防水等），要有专人监护，有风机不间断送新风，并每隔 1～2 h 到室外换气休息。

(4) 夜间作业，照明设备应有防爆措施。

(5) 在喷漆室或金属罐体内喷漆要设接地保护，防静电聚集。

三、钢筋作业安全常识

钢筋加工时，由于使用钢筋加工机械不当，容易发生机械伤害或物体打击事故。绑扎钢筋时，由于作业面搭设不符合要求或违章，容易发生高处坠落、物体打击事故。作业时应注意：

(1) 钢材、半成品等应按规格、品种分别堆放整齐，制作场地要平整，工作台要稳固，照明灯具必须加网罩。

(2) 拉直钢筋，卡头要卡牢，地锚要结实牢固，拉筋沿线 2 m 区域内禁止行人。人工绞磨拉直，不准用胸、肚接触推杠，并缓慢松解，不得一次松开。

(3) 展开盘圆钢筋要一头卡牢，防止回弹，切断时先用脚踩紧。

(4) 人工断料，工具必须牢固。掌克子和打锤要站成斜角，注意扔锤区域内的人和物体。切断小于 30 cm 的短钢筋，应用钳子夹牢，禁止用手把扶，并在外侧设置防护箱笼罩。

(5) 多人合运钢筋，起、落、转、停动作要一致，人工上下传送不得在同一垂直线上。钢筋堆放要分散、稳当，防止倾倒和塌落。

(6) 在高空、深坑绑扎钢筋和安装骨架，须搭设脚手架和马道。

(7) 绑扎立柱、墙体钢筋，不得站在钢筋骨架上和攀登骨架。柱筋在 4 m 以内，重量不大，可在地面或楼面上绑扎。整体竖起柱筋在 4 m 以上，应搭设工作台。柱梁骨架，应用临时支撑拉牢以防倾倒。

(8) 绑扎基础钢筋时，应按施工设计规定摆放钢筋支架或凳，架起上部钢筋，不得任意减少支架或凳。

(9) 绑扎高层建筑的圈梁、挑檐、外墙、边柱钢筋，应搭设外架或安全网。绑扎时挂好安全带。

(10) 起吊钢筋，下方禁止站人，待钢筋降落到距地面 1 m 以内方准靠近，就位支撑好后，方可摘钩。

四、瓦工、抹灰工作业安全常识

1. 瓦工作业安全常识

(1) 上下脚手架应走斜道。不准站在砖墙上做砌筑、画线(勒缝)、检查大角垂直和清扫墙面等工作。

(2) 砌砖使用的工具应放在稳妥的地方。斩砖应面向墙面，工作完毕应将脚手架和砖墙上的碎砖、灰浆清扫干净，防止掉落伤人。

(3) 山墙砌完后应立即安装桁条或加临时支撑，防止倒塌。

(4) 起吊砌块的夹具要牢固，就位放稳后再松开夹具。

(5) 在屋面坡度大于25°时，挂瓦必须使用移动板梯。板梯必须有固定的挂钩。没有外架子时檐口应该搭防护栏杆和防护立网。

(6) 屋面上瓦应两坡同时进行，保持屋面受力均衡，瓦要放稳。屋面无檐板时，应铺设通道，不准在桁条、瓦条上行走。

2. 抹灰工作业安全常识

(1) 室内抹灰使用的木凳、金属支架应搭设平稳牢固，脚手架跨度不得大于2 m。架上堆放材料不得过于集中，在同一跨度内不得超过2人。

(2) 不准在门窗、散热器、洗脸池等器物上搭设脚手板。阳台部位粉刷，外侧必须挂设安全网。严禁踩踏脚手架的护身栏杆或在阳台栏板上进行操作。

(3) 机械喷灰喷涂应戴防护用品，压力表、安全阀应灵敏可靠，输浆管各部接口应拧紧卡牢。管路摆放顺直，避免折弯。

(4) 输浆应严格按照规定压力进行，超压和管道堵塞，应卸压检修。

(5) 贴面使用预制件、大理石、瓷砖等，应堆放整齐平稳，边用边运。安装要稳拿稳放，待灌浆凝固稳定后，方可拆除临时支撑。

(6) 使用磨石机，应戴绝缘手套，穿胶靴，电源不得破皮漏电。金刚砂块安装必须牢固，经试运转正常，方可操作。

习题

1. 脚手架安装应符合哪些要求？
2. 脚手架作业常见的事故及其预防措施有哪些？
3. 模板工程施工常见的事故及其预防措施有哪些？
4. 氧气瓶的使用应注意哪些问题？
5. 电、气焊工作业应注意哪些安全问题？
6. 起重机作业“十不吊”具体内容有哪些？
7. 建筑起重机械包括哪些？
8. 中小型建筑机械有哪些？使用中应注意哪些问题？

第七章　施工现场事故应急常识

现场急救，就是应用急救知识和最简单的急救技术进行现场初级救生，最大限度稳定伤病员的伤病情，减少并发症，维持伤病员的最基本生命体征，如呼吸、脉搏、血压等。现场急救是否及时和正确，关系到伤病员生命和伤害的结果。同时，正确的现场急救，并将伤病情和现场急救经过正确反映给接诊医生，保持了急救的连续性，为下一步全面医疗救治做了必要的处理和准备。所以，具备一定的应急常识是非常重要的。

第一节　建筑施工特点与常见事故伤害

建筑施工（包括市政施工）属于事故发生率较高的行业，每年的事故死亡人数仅次于煤炭与交通行业。目前农民工已经成为建筑施工的主力军，因此也是各类意外伤害事故的主要受害群体。根据事故统计，在建筑施工伤亡人员中农民工约占60%，并且呈现不断上升的趋势，这给许多农民工家庭带来了难以弥补的伤痛和损失。建筑业之所以成为高危险行业，主要与建筑施工特点有关。

一、建筑施工的特点

建筑施工有以下几个特点：

(1) 建筑产品的多样性。由于各种建筑物或构筑物都有特定的使用功能，因而建筑产品的种类繁多。不同的建筑物建造不仅需要制定一套适应于生产对象的工艺方案，而且还需要针对工程特点编制切实可行并行之有效的施工安全技术措施，才可能确保施工顺利进行和安全生产。

(2) 建筑施工的流动性。建筑产品都必须固定在一定的地点建造，而建筑施工却具有流动性，主要表现在三方面：一是各工种的工人在某建筑物的部位上流动；二是施工人员在一个工地范围内的各栋建筑物上流动；三是建筑施工队伍在不同地区、不同工地的流动。这些都给安全生产带来了许多可变因素，稍有不慎，易导致伤亡事故的发生。

(3) 建筑施工的综合性。建筑物的建造是多工种在不同空间、不同时间劳动并相互配合协调的过程，同一时间的垂直交叉作业不可避免，由于隔离防护措施不当，容易造成伤亡事故；各工种间的交叉作业由于安排不当，也可能导致伤亡事故的发生。

(4) 作业条件的多变性。建筑施工大多是露天作业，日晒雨淋、严寒酷暑以及大风影响等形成的恶劣环境，不仅影响施工人员的健康，还易诱发安全事故。此外建筑施工高处作业多，据统计建筑施工中的高处作业约占总工程量的90%，而且高处作业的等级越来越高，有不少高度超过100 m的高处作业。高处作业除了不安全因素多外，还会影响人的生理和心理因素，建筑施工伤亡事故中，近六成与高处作业有关。另外，还有不少作业在未完成安装的结构上或搭设的临时设施（如脚手架等）上进行，使得高处作业的危险程度严重加剧。

(5) 操作人员劳动强度的繁重性。建筑施工中不少工种仍以手工操作为主，加上组织管理不善，无限制地加班加点，工人在高强度劳动和超长时间作业中，体力消耗过大，容易造成过度疲劳，由此引起的注意力不集中，或作业中的力不从心等易导致事故的发生。

(6) 施工现场设施的临时性。随着社会发展，建筑物体量和高度不断增加，工程的施工周期也随之延长，一年以上工期的工程比比皆是。为了保证工程建造正常和顺利地进行，施工中必须使用各种临时设施，如临时建筑、临时供电系统以及现场安全防护设施，这些临时设施经过长时间的风吹、日晒、雨淋、冰冻和种种人为因素，其安全可靠性往往明显降低。特别是由于这些设施的临时性，容易导致施工管理人员忽视这些设施的质量，因而安全隐患和防护漏洞时有出现。

二、建筑施工中常见事故伤害

建筑施工中常见伤亡事故的类别是：物体打击、车辆伤害、机具伤害、起重伤害、触电、高处坠落、坍塌、中毒和窒息、火灾和爆炸以及其他伤害。

根据历年来伤亡事故统计分类，建筑施工中最主要、最常见、死亡人数最多的事故有五类，即：高处坠落、触电、物体打击、机械伤害、坍塌事故。这五类事故占事故总数的86％左右，被人们称为建筑施工五大类伤亡事故。

第二节　事故应急救援基本常识

发生伤亡或意外伤害后4～8 min是紧急抢救的关键时刻，失去这段宝贵时间，伤员或受害者的伤势会急剧变化，甚至发生死亡。所以要争分夺秒地进行抢救，冷静科学地进行紧急处理。

一、急救的步骤

（1）调查事故现场，确保实施救助人员和伤病员或其他人无任何危险，迅速将伤病员救离危险场所。

（2）初步检查伤病员，判断其神志、呼吸循环是否有问题，必要时立即进行现场急救和监护，使伤病员保持呼吸道畅通，视情况采取有效的止血、防止休克、包扎伤口、固定、保管好断离的器官和组织、预防感染、止痛等措施。

(3) 呼救。立即请人拨打呼救电话120，呼叫救护车。施救人员可继续急救，一直坚持到救护人员或者其他施救者达到现场接替为止。此时还应反映伤病员的伤病情和简单的救治过程。

(4) 如果没有发现危及伤病员的体征，也要进行第二次检查，以免遗漏其他的损伤、骨折和病变。

二、急救的原则

1. 机智、果断

发生重大、恶性或意外事故后，当时在现场或赶到现场的人员要立即进行紧急呼救，立即向有关部门拨打呼救电话，讲清事发地点、简要概况和紧急救援内容，同时要迅速了解事故或现场情况，机智、果断、迅速和因地制宜地采取有效应急措施和安全对策，防止事故、事态和当事人伤害的进一步扩大。

2. 及时、稳妥

当事故或灾害现场十分危险或危急，伤亡或灾情可能会进一步扩大时，要及时稳妥地帮助伤（病）员或受害者脱离危险区域或危险源，在紧急救援或急救过程中，要防止发生二次事故或次生事故，并要采取措施确保急救人员自身和伤病员或受害者的安全。

3. 正确、迅速

要正确、迅速地检查伤（病）员、受害者的情况，如发现心跳、呼吸停止，要立即进行心脏按摩、人工呼吸，一直要坚持到医生的到来；如伤（病）员和受害者出现大出血，要立即进行止血；如发生骨折，要设法进行固定等。医生到达后，简要反映伤（病）员的情况、急救过程和采取的措施，并协助医生继续进行抢救。

4. 细致、全面

对伤（病）员或受害者的检查要细致、全面，特别是当伤（病）员或受害者暂时没有生命危险时，要再次进行检查，不能粗心大意，防止临阵慌乱、疏忽漏项。对头部伤害的人员，要注意跟踪观察和对症处理。

在给伤员急救处理之前，首先必须了解伤员受伤的部位和伤势，观察伤情的变化。需急救的伤员伤情往往比较严重，要对伤员重要的体征、症状、伤情进行了解，绝不能疏忽遗漏。通常在现场要作简单的体检。

5. 现场简单体检

心跳检查：正常人每分钟心跳为60～80次，严重创伤，失血过多的伤员，心跳增快，且力量较弱，脉搏细而快。

呼吸检查：正常人每分钟呼吸数为16～18次，重危伤员呼吸变快、变浅，不规则。当伤员临死前，呼吸变得缓慢，不规则，直至呼吸停止。通过观察伤员胸廓起伏可知有无呼吸。

若呼吸极其微弱，不易看到胸廓明显的起伏，可以用一小片棉花或薄纸片、较轻的小树叶等放在伤员鼻孔旁边，看这些物体是否随呼吸飘动。

瞳孔检查：正常人两眼的瞳孔等大、等圆，遇光线能迅速收缩。受到严重伤害的伤员，两瞳孔大小不一，可能缩小或放大；用电筒光线刺激时，瞳孔不收缩或收缩迟钝。当其瞳孔逐步散大、固定不动、对光的反应消失时，伤员趋于死亡。

三、施工现场应急措施

(1) 施工企业应建立企业级重大事故应急救援体系及重大事故救援预案。

(2) 施工项目应建立项目重大事故应急救援体系，以及重大事故救援预案；在实行施工总承包时，应以总承包单位事故预案为主，各分包队伍也应有各自的事故救援预案。

(3) 重大事故的应急救援人员应经过专门的培训，事故的应急救援必须有组织、有计划地进行。严禁在未弄清事故情况下，盲目救援而造成更大的伤害。

(4) 事故应急救援的基本任务如下：

1) 立即组织营救受害人员，组织撤离或者采取其他措施保护危害区域内的其他人员；

2) 迅速控制事态，并对事故造成的危害进行检测、监测，测定事故的危害区域、危害性质及危害程度；

3）消除危害后果，做好现场恢复；

4）查清事故原因，评估危害程度；

四、常备急救物品

（1）急救包、缝合包、气管切开包、各种常用小夹板或石膏绷带、担架、止血带、氧气袋等。

（2）20%甘露醇注射液、0.9%盐水注射液、低分子右旋糖酐注射液、血浆、多巴胺、西地兰等。

（3）酒精、碘酒、过氧化氢、龙胆紫、红汞等消毒用品。

（4）消炎药、治疗冠心病及降血压药、止咳平喘药、清热止痛药、解痉止痛药、镇静药、脱敏药、脱水药、抢救药和治疗配药的液体等常用药品。

（5）体温计、血压计、听诊器、冰袋、一次性注射器及输液装置等常用物品。

第三节　施工常见意外伤害与应急处置

建筑施工常见的意外事故伤害包括高处坠落、触电、物体打击、施工坍塌、中暑等。

一、建筑施工高处坠落意外伤害与应急处置

由于建筑施工常需要在高处作业，稍有不慎，容易引发高

处坠落事故的发生，所以，高处坠落伤害是建筑业最常见事故之一。为此，防范坠落伤害，除高空作业施工现场必须设置应有的防坠落设施外，还应该加强个人防坠落意识。

1. 建筑施工高处坠落伤害事故常见情况

常见建筑施工高处坠落伤害事故，主要有以下一些情况：

(1) 临边、洞口处坠落。一是无防护设施或防护不规范。如防护栏杆的高度低于1.2 m，横杆不足两道，仅有一道等；在无外脚手架及尚未砌筑围护墙的楼面的边缘，防护栏杆柱无预埋件固定或固定不牢固。二是洞口防护不牢靠，洞口虽有盖板，但无防止盖板位移的措施。

(2) 脚手架上坠落。主要是搭设不规范，如相邻的立杆(或大横杆) 的接头在同一平面上，剪刀撑、连墙点任意设置等；架体外侧无防护网，架体内侧与建筑物之间的空隙无防护或防护不严；脚手板未满铺或铺设不严、不稳等。

(3) 悬空高处作业时坠落。主要是在安装或拆除脚手架、井架 (龙门架)、塔吊和在吊装屋架、梁板等高处作业时的作业人员，没有系安全带，也无其他防护设施，或作业时用力过猛，身体失稳而坠落。

(4) 在轻型屋顶和顶棚上铺设管道、电线或检修作业中坠落。主要是作业时没有使用轻便脚手架，在行走时误踩轻型屋面板、顶棚面而坠落。

(5) 拆除作业时坠落。主要是作业时站在已不稳固的部位或作业时用力过猛，身体失稳，脚踩活动构件或绊跌而坠落。

(6) 登高过程中坠落。主要是无登高梯道，随意攀爬脚手架、井架登高；登高斜道面板、梯档破损、踩断；登高斜道无防滑措施。

(7) 在梯子上作业坠落。主要是梯子未放稳，人字梯两片未系好安全绳带；梯子在光滑的楼面上放置时，其梯脚无防滑措施，作业人员站在人字梯上移动位置而坠落。

2. 高处坠落事故的应急处置与救治

高处坠落事故在建筑施工中属于常见多发事故。由于从高处坠落，受到高速坠地的冲击力，使人体组织和器官遭到一定程度破坏而引起的损伤，通常有多个系统或多个器官的损伤，严重者当场死亡。高处坠落伤除有直接或间接受伤器官表现外，还有昏迷、呼吸窘迫、面色苍白和表情淡漠等症状，可导致胸、腹腔内脏组织器官发生广泛的损伤。高处坠落时如果是臂部先着地，外力沿脊柱传导到颅脑而致伤；如果由高处仰面跌下时，背或腰部受冲击，可引起腰椎前纵韧带撕裂，椎体裂开或椎弓根骨折，易引起脊髓损伤。脑干损伤时常有较重的意识障碍、光反射消失等症状，也可有严重合并症的出现。

当发生高处坠落事故后，抢救的重点应放在对休克、骨折和出血的处理上。

(1) 颌面部伤员。首先应保持呼吸道畅通，摘除义齿，清除移位的组织碎片、血凝块、口腔分泌物等，同时松解伤员的颈、胸部纽扣。若舌已后坠或口腔内异物无法清除时，可用12号粗针头穿刺环甲膜，维持呼吸，尽可能早作气管切开。

（2）脊椎受伤者。创伤处用消毒的纱布或清洁布等覆盖伤口，用绷带或布条包扎。搬运时，将伤者平卧放在帆布担架或硬板上，以免受伤的脊椎移位、断裂造成截瘫，招致死亡。抢救脊椎受伤者，搬运过程严禁只抬伤者的两肩与两腿或单肩背运。

（3）手足骨折者。不要盲目搬动伤者。应在骨折部位用夹板把受伤位置临时固定，使断端不再移位或刺伤肌肉、神经或血管。固定时，以固定骨折处上下关节为原则，可就地取材，用木板、竹片等。

（4）复合伤者。要求平仰卧位，保持呼吸道畅通，解开衣领扣。

（5）周围血管伤。压迫伤部以上动脉干至骨骼。直接在伤口上放置厚敷料，绷带加压包扎，以不出血和不影响肢体血循环为宜。

此外，需要注意的是，在搬运和转送过程中，颈部和躯干不能前屈或扭转，而应使脊柱伸直，绝对禁止一个抬肩、一个抬腿的搬法，以免发生或加重截瘫。

二、施工人员触电意外伤害与应急处置

1. 发生人员触电意外伤害的几种情况

发生人员触电的意外伤害事故的情况主要有：

(1) 外电线路触电事故。主要是指施工中碰触施工现场周边的架空线路而发生的触电事故。主要包括：

脚手架的外侧边缘与外电架空线之间没有达到规定的最小安全距离，也没有按规范要求增设屏障、遮栏、围栏或保护网，在外电线路难以停电的情况下，进行违章冒险施工。特别是在搭、拆钢管脚手架，或在高处绑扎钢筋、支搭模板等作业时发生此类事故较多。

起重机械在架空高压线下方作业时，吊塔大臂的最远端与架空高压电线间的距离小于规定的安全距离，作业时触碰裸线或集聚静电荷而造成触电事故。

(2) 施工机械漏电造成事故。主要有：

建筑施工机械要在多个施工现场使用，不停地移动，环境条件较差（泥浆、锯屑污染等），带水作业多，如果保养不好，机械往往易漏电。

施工现场的临时用电工程没有按照规范要求做到“三级配电，两级保护”，有的工地虽然安装了漏电保护器，但选用保护器规格不当，认为只要是漏电保护器，装上了就保险，在开关箱中装上了 50 mA×0.1 s 规格，甚至更大规格的漏电保护器，结果关键时刻起不到保护作用。有的工地没有采用 TN—S 保护系统，也有的工地迫于规范要求，但不熟悉技术，拉了五根线就算“三相五线”，工作零线（N）与保护零线

(PE) 混用，施工机具任意拉接，用电保护一片混乱。

(3) 手持电动工具漏电。主要是没有按照《施工现场临时用电规范》要求进行有效的漏电保护，使用者（特别是带水作业）没有戴绝缘手套、穿绝缘鞋。

(4) 电线电缆的绝缘皮老化、破损及接线混乱造成漏电。有些施工现场的电线、电缆“随地拖、一把抓、到处挂”，乱拉、乱接线路，接线头不用绝缘胶布包扎；露天作业电气开关放在木板上不用电箱，特别是移动电箱无门，任意随地放置；电箱的进、出线任意走向，接线处“带电体裸露”，不用接线端子板，“一闸多机”，多根导线接头任意绞、挂在漏电开关或保险丝上；移动机具在插座接线时不用插头，使用小木条将电线头插入插座等。这些现象造成的触电事故是较普遍的。

(5) 照明及违章用电。移动照明特别是在潮湿环境中作业，其照明不使用安全电压，使用灯泡烘衣、袜等违章用电时造成的事故。

2. 发生人员意外触电伤害后的应急处置

触电急救的基本原则是动作迅速、方法正确。当通过人体的电流较小时，仅产生麻感，对机体影响不大。当通过人体的电流增大，但小于摆脱电流时，虽可能受到强烈打击，但尚能自己摆脱电源，伤害可能不严重。当通过人体的电流进一步增大，至接近或达到致命电流时，触电者会出现神经麻痹、呼吸中断、心脏跳动停止等现象，外表上呈现昏迷不醒的状态。这时，不应该认为是死亡，而应该看作是假死，并且应迅速而持久地进行抢救。有给触电者做 4 h 或更长时间的人工呼吸而使触电者获救的事例。有资料显示，从触电后 1 min 开始救治，90％的触电者有良好效果；从触电后 6 min 开始救治，10％的触电者有良好效果；而从触电后 12 min 开始救治，触电者被救活的可能性很小。由此可见，动作迅速是非常重要的。

发生人员触电，主要运用以下急救方法：

(1) 脱离电源。人触电后，可能由于痉挛或失去知觉等原因，抓紧带电体，不能自行摆脱电源。这时，使触电者尽快脱离电源是救活触电者的首要因素。但要注意救护人不可直接用手或其他金属及潮湿的物件作为救护工具，而必须使用适当的绝缘工具。救护人员最好用一只手操作以防触电。需防止触电者脱离电源后可能的摔伤，特别是当触电者在高处的情况下，应考虑防摔措施。即使触电者在平地，也要注意触电者倒下的方向，注意防摔。如事故发生在夜间，应迅速解决临时照明问题，以利于抢救，并避免扩大事故。

(2) 现场急救方法。当触电者脱离电源后，应根据触电者的具体情况迅速对症救护。现场应用的主要救护方法是人工呼吸法和胸外心脏挤压法。应当注意，急救要尽快进行，不能等候医生的到来。在送往医院的途中，也不能终止急救。

人工呼吸法主要适用于急救呼吸停止的触电者。实施人工呼吸前要使呼吸道畅通。首先要很快地解开触电者的衣领，清除口腔内妨碍呼吸的食物、血块、黏液等，并使触电者仰卧，头部尽量后仰，鼻孔朝天。这时救护人在伤员头部的一侧，用一只手捏紧鼻孔，另一只手撬开嘴巴，救护人员深吸气后，紧贴伤员，口对口向内吹气，时间约 2 s，使其胸部膨胀。吹完气后，立即将口离开，并同时放松鼻孔让其自动呼吸，时间为 3 s。如触电者口撬不开，就用口对鼻呼吸法，捏紧嘴巴，紧贴鼻子向内吹气。如此反复进行，触电者如果是儿童，只能小口吹气。

胸外心脏挤压法适用于急救心脏停止跳动的触电者。首先将触电者仰卧在比较坚实的地方，救护人员跪在触电者的一侧，或骑跪在腰部，两手相叠（儿童只需一只手）。手掌根部放在心窝稍高一点的地方，掌根向下挤压（儿童轻一点），压下深度为 3～4.5 cm，将心窝内血液挤出。以每分钟 60 次为宜。挤压后，掌根立即放松（但不要离开胸膛），让触电者自动复原，血液流回心脏。如此反复进行。

此外，要注意慎用肾上腺素等强心剂，只有经过心电图仪测定心脏确已停止跳动时，才可使用。否则将会使触电者的心室纤维性颤动，触电者状况更加恶化。

三、物体打击意外伤害与应急处置

物体打击是指失控物体的惯性力对人身造成的伤害，其中包括高处落物、飞蹦物、滚击物及掉物、倒物等造成伤害。在建筑业施工中物体打击伤害事故范围较广，在高位的物体处置不当，容易出现物落伤人的情况。这类事故，往往问题发生在上边，受害的人则在下面，多数都属于作业中引发伤害他人的事故。

1. 建筑施工中发生物体打击的主要情况

在建筑施工中发生物体打击的情况主要有：

（1）高处落物伤害。在高处堆放材料超高、堆放不稳，造成散落，作业人员在作业时将断砖、废料等随手往地面扔掷；拆脚手架、井架时，拆下的构件、扣件不通过垂直运输设备往地面运，而是随拆随往下扔；在同一垂直面立体交叉作业时，上、下层间没有设置安全隔离层；起重吊装时材料散落，如砖吊运时未用砖笼，吊运钢筋、钢管时，吊点不正确，捆绑松弛等，造成落物伤害事故。

（2）飞蹦物伤害。爆破作业时安全覆盖、防护等措施不周；工地调直钢筋时没有可靠防护措施。比如，使用卷扬机拉直钢筋时，夹具脱落或钢筋拉断，钢筋反弹击伤人；使用有柄工具时没有认真检查，作业时手柄断裂，工具头飞出击伤人等。

（3）滚物伤害。主要是在基坑边堆物不符合要求，如砖、石、钢管等滚落到基坑、桩洞内，造成基坑、桩洞内作业人员受到伤害。

（4）从物料堆上取物料时，物料散落、倒塌造成伤害。物料堆放不符合安全要求，取料者也图方便不注意安全。比如，自卸汽车运砖时，不码砖堆，取砖工人顺手抽取，往往使上面的砖落下造成伤害；长杆件材料竖直堆放，受振动不稳倒下砸伤人；抬放物品时抬杆断裂等造成物击、砸伤事故。

2. 物体打击事故的应急处置

建筑施工中，为了做好物体打击事故发生后的应急处置，应在事前制定应急预案，建立健全应急预案组织机构，做好人员分工。在事故发生的时候做好应急抢救，如现场包扎、止血等措施，防止伤者流血过多造成死亡。还需要注意的是，日常应备有应急物资，如简易担架、跌打损伤药品、纱布等。

发生物体打击事故后，在应急处置中要注意：

(1) 一旦有事故发生，首先要高声呼喊，通知现场安全员，马上拨打急救电话，并向上级领导及有关部门汇报。

(2) 当发生物体打击事故后，尽可能不要移动患者，尽量当场施救。抢救的重点放在颅脑损伤、胸部骨折和出血的处理。

(3) 发生物体打击事故后，应马上组织抢救伤者，首先观察伤者的受伤情况、部位、伤害性质，如伤员发生休克，应先处理休克。遇呼吸、心跳停止者，应立即进行人工呼吸，胸外心脏挤压。处于休克状态的伤员要让其安静、保暖、平卧、少动，并将下肢抬高 20°左右，尽快送医院进行抢救治疗。

(4) 如果出现颅脑损伤，必须维持呼吸道通畅，昏迷者应平卧，面部转向一侧，以防舌根下坠或分泌物、呕吐物吸入，发生喉阻塞。有骨折者，应初步固定后再搬运。遇有凹陷骨折、颅底骨折及严重的脑损伤症状出现，创伤处用消毒的纱布或清洁布等覆盖伤口，用绷带或布条包扎后，及时就近送往有条件的医院治疗。

(5) 重伤人员应马上送往医院救治，一般伤员在等待救护车的过程中，门卫要在大门口迎接救护车，有程序地处理事故，最大限度地减少人员和财产损失。

(6) 如果处在不宜施救的场所时，必须将患者搬运到能够安全施救的地方，搬运时应尽量多找一些人来搬运。观察患者呼吸和脸色的变化，如果是脊柱骨折，不要弯曲、扭动患者的颈部和身体，不要接触患者的伤口，要使患者身体放松，尽量将患者放到担架或平板上进行搬运。

四、施工坍塌意外伤害与应急处置

坍塌是指建筑物、构筑物、堆置物倒塌以及土石塌方引起的事故。在建筑业施工中经常会遇到坍塌伤害，例如接层工程坍塌、纠偏工程坍塌、交付使用工程坍塌、在建工程整体坍塌、改建工程坍塌、在建工程局部坍塌、脚手架坍塌、平台坍塌、墙体坍塌、土石方作业坍塌、拆除工程坍塌等。

由于坍塌的过程产生于一瞬间，来势凶猛，现场人员往往难以及时迅速撤离，不能撤离的人员，会随着坍塌物体的变动而引发坠落、物体打击、挤压、掩埋、窒息等严重后果。如果现场有危险物品存在时，还可能引发着火、爆炸、中毒、环境污染等灾害。还有因抢救过程中，缺乏应有的防护措施，因而出现再次、多次坍塌，扩大了人员伤亡，容易发生群死群伤事故。近年来，随着高层、超高层建筑物的增多，基坑的深度越来越深，坍塌事故也呈现出上升趋势。

1. 造成坍塌伤害事故的主要原因

造成坍塌伤害事故的主要原因有以下几种：

(1) 基坑、基槽开挖及人工扩孔桩施工过程中的土方坍塌。主要是坑槽开挖没有按规定放坡，基坑支护没有经过设计或施工时没有按设计要求支护；支护材料质量差而造成支护变形、断裂；边坡顶部荷载大（如在基坑边沿堆土、砖石等，土方机械在边沿处停靠）；排水措施不通畅，造成坡面受水浸泡产生滑动而塌方；冬春之交破土时，没有针对土体胀缩因素采取护坡措施。

(2) 楼板、梁等结构和雨篷等坍塌。主要是工程结构施工时，在楼板上面堆放物料过多，使荷载超过楼板的设计承载力而断裂；刚浇筑不久的钢筋混凝土楼板未达到应有的强度，为赶进度即在该楼板上面支搭模板浇筑上层钢筋混凝土楼板造成坍塌；过早拆除钢筋混凝土楼板、梁构件和雨篷等的模板或支撑，因混凝土强度不够而造成坍塌。

(3) 房屋拆除坍塌。随着城市建设的迅速发展，拆除工程增多，然而，作业队伍力量薄弱，管理不到位，拆除作业人员素质低，拆除工程不编施工方案和技术措施，盲目蛮干，野蛮施工，造成墙体、楼板等坍塌。

（4）模板坍塌。模板坍塌是指用扣件式钢管脚手架、各种木杆件或竹材搭设的高层建筑的楼板的模板，因支撑杆件刚性不够、强度低，在浇筑混凝土一时失稳造成模板上的钢筋和混凝土的塌落事故。模板支撑失稳的主要原因是没有进行设计计算，也不编写施工方案，施工前也未进行安全交底。特别是混凝土输送管路，往往附着在模板上，输送混凝土时产生的冲击和振动更加速了支撑的失稳。

（5）脚手架倒塌。主要是没有认真按规定编制施工方案，没有执行安全技术措施和验收制度。架子工属特种作业人员，必须持证上岗。但目前架子工普遍文化水平低，安全技术素质不高，专业施工队伍少。竹脚手架所用的竹材有效直径普遍达不到要求，搭设不规范，特别是相邻杆件接头、剪刀撑、连墙点的设置不符合安全要求，造成脚手架失稳倒塌。

（6）塔吊倾翻、井字架（龙门架）倒塌。主要是塔吊起重钢丝或平衡臂钢丝绳断裂致使塔吊倾翻，因轨道沉陷或下班时夹轨钳未夹紧轨道，夜间突起大风造成塔吊出轨倾翻。塔吊倒塌的另一个原因是，在安装拆除时，没有制订施工方案，不向作业人员交底。井架、龙门架倒塌的主要原因是，基础不稳固，稳定架体的缆风绳（或搭、拆架体时的临时缆风绳）不使用钢丝绳，用直径 6 mm 的钢筋，甚至使用尼龙绳。附墙架使用竹、木杆并采用铅丝等绑扎，井架与脚手架连在一起等。

2. 施工坍塌事故的应急处置

建筑施工中发生坍塌事故后，人们一时难以从倒塌的惊吓中恢复过来，被埋压的人众多、现场混乱失去控制、火灾和二次倒塌危险处处存在，容易给现场的抢险救援工作带来极大的困难。同时，由于事故的发生，可能造成建筑内部燃气、供电等设施毁坏，导致火灾的发生，尤其是化工装置等构筑物倒塌事故，极易形成连锁反应，引发有毒气（液）体泄漏和爆炸、燃烧事故的发生。并且建筑物整体坍塌的现场，废墟堆内建筑构件纵横交错，将遇难人员深深地埋压在废墟里面，给人员救助和现场清理带来极大的困难；建筑物局部坍塌的现场，虽然遇难人员数量较少，但由于楼内通道的破损和建筑结构的松垮，对灭火救援工作的顺利进行也造成一定的困难。

建筑施工发生坍塌事故之后，在应急处置上需要注意：

(1) 倒塌发生后，应及时了解和掌握现场的整体情况，并向上级领导报告，同时，根据现场实际情况，拟定倒塌救援实施方案，实施现场的统一指挥和管理。

(2) 设立警戒，疏散人员。倒塌发生后，应及时划定警戒区域，设置警戒线，封锁事故路段的交通，隔离围观群众，严禁无关车辆及人员进入事故现场。

(3) 派遣搜救小组进行搜救，对如下几个重要问题进行询问和侦查：倒塌部位和范围，可能涉及的受害人数；可能受害人或现场失踪人所处位置；受害人存活的可能性；展开现场施救需要的人力和物力方面的帮助；倒塌现场的火情状况；现场二次倒塌的危险性；现场可能存在的爆炸危险性；现场施救过程中其他方面潜在的危险性。

（4）切断气、电和自来水源，并控制火灾或爆炸。建筑物倒塌现场到处可能缠绕着带电的拉断的电线电缆，随时威胁着被埋压人员和施救人员；断裂的燃气管道泄漏的气体既能形成爆炸性气体混合物，又能增强现场火灾的火势；从断裂的供水管道流出的水能很快将地下室或现场低洼的坍塌空间淹没。因此，要及时责令当地的供电、供气、供水部分的检修人员立即赶赴现场，通过关断现场附近的局部总阀或开关消除危险。

（5）现场清障。开辟进出通道。迅速清理进入现场的通道，在现场附近开辟救援人员和车辆集聚空地，确保现场拥有一个急救场所和一条供救援车辆进出的通道。

（6）搜寻倒塌废墟内部的存活者。在倒塌废墟表面受害人被救后，就应该立即实施倒塌废墟内部受害人的搜寻，因为有火灾的倒塌现场，烟火同样会很快蔓延到各个生存空间。搜寻人员最好要携带一支水枪，以便及时驱烟和灭火。

（7）清除局部倒塌物，实施局部挖掘救人。现场废墟上的倒塌物清除可能触动那些承重的不稳构件引起现场的二次倒塌，使被压埋人再次受伤，因此清理局部倒塌物之前，要制定初步的方案，行动要极其细致谨慎，要尽可能地选派有经验或受过专门训练的人员承担此项工作。

(8) 倒塌废墟的全面清理。在确定倒塌现场再无被埋压的生存者后，才允许进行倒塌废墟的全面清理工作。

五、建筑施工人员中暑意外伤害与应急处置

建筑施工主要是在室外作业，在夏季高温的情况下，特别容易发生中暑现象。中暑是高温影响下的体温调节功能紊乱，常因烈日暴晒或在高温环境下重体力劳动所致。

1. 人员中暑的主要原因

正常人体温恒定在37℃左右，是通过下丘脑体温调节中枢的作用，使产热与散热取得平衡，当周围环境温度超过皮肤温度时，散热主要靠出汗，以及皮肤和肺泡表面的蒸发。人体的散热还可通过循环血流，将深部组织的热量带至体表组织，通过扩张的皮肤血管散热，因此经过皮肤血管的血流越多，散热就越多。如果产热大于散热或散热受阻，体内有过量热蓄积，即产生高热中暑。

2. 人员中暑的分类

(1) 先兆中暑。先兆中暑为中暑中最轻的一种。表现为在高温条件下劳动或停留一定时间后，出现头昏、头痛、大量出汗、口渴、乏力、注意力不集中等症状，此时的体温可正常或稍高。这类病人经积极处理后，病情很快会好转，一般不会造

成严重后果。处理方法也比较简单，通常是将病人立即带离高热环境，来到阴凉、通风条件良好的地方，解开衣服，口服清凉饮料及 0.3%的冰盐水或十滴水、人丹等防暑药，经短时间休息和处理后，症状即可消失。

(2) 轻度中暑。轻度中暑往往因先兆中暑未得到及时救治发展而来，除有先兆中暑的症状外，还可同时出现体温升高(通常>38℃)，面色潮红，皮肤灼热；比较严重的可出现呼吸急促、皮肤湿冷、恶心、呕吐、脉搏细弱而快、血压下降等呼吸、循环早衰症状。处理时除按先兆中暑的方法外，应尽量饮水或静脉滴注 5%葡萄糖盐水，也可用针刺人中、合谷、涌泉、曲池等穴位。如体温较高，可采用物理方法降温；对于出现呼吸、循环衰竭倾向的中暑病人，应送医院救治。

(3) 重症中暑。重症中暑是中暑中最严重的一种。多见于年老、体弱者，往往以突然谵妄或昏迷起病，出汗停止为其前驱症状。患者昏迷，体温常在 40℃以上，皮肤干燥、灼热，呼吸快，脉搏大于 140 次/分钟。这类病人治疗效果很大程度上取决于抢救是否及时。因此，一旦发生中暑，应尽快将病人体温降至正常或接近正常。降温的方法有物理和药理两种。物理降温简便安全，通常是在病人颈项、头顶、头枕部、腋下及腹股沟加置冰袋，或用凉水加少许酒精擦拭，一般持续半小时左右，同时可用电风扇向病人吹风以增加降温效果。药物降温效果比物理方式好，常用药为氯丙嗪，但应在医护人员的指导下使用。由于重症中暑病人病情发展很快，且可出现休克、呼吸衰竭，时间长可危及病人生命，所以应争分夺秒地抢救，最好尽快送往条件好的医院施治。

3. 人员中暑的应急处置措施

(1) 搬移。迅速将患者抬到通风、阴凉、干爽的地方，使其平卧并解开衣扣，松开或脱去衣服，如衣服被汗水湿透应更换衣服。

(2) 降温。患者头部可捂上冷毛巾，可用50%酒精、白酒、冰水或冷水进行全身擦拭，然后用电扇吹风，加速散热，有条件的也可用降温毯给予降温。但不要快速降低患者体温，当体温降至38℃以下时，要停止一切冷敷等强降温措施。

(3) 补水。患者仍有意识时，可给一些清凉饮料，在补充水分时，可加入少量盐或小苏打水。但千万不可急于补充大量水分，否则会引起呕吐、腹痛、恶心等症状。

(4) 促醒。病人若已失去知觉，可指掐人中、合谷等穴，使其苏醒。若呼吸停止，应立即实施人工呼吸。

(5) 转送。对于重症中暑病人，必须立即送医院诊治。搬运病人时，应用担架运送，不可使患者步行，同时运送途中要注意，尽可能地用冰袋敷于病人额头、枕后、胸口、肘窝及大腿根部，积极进行物理降温，以保护大脑、心肺等重要脏器。

第四节 施工现场火灾扑救与避险

企业应制定火灾事故应急预案，加强培训和演练。事故发生时，为了快速准确有效地启动应急救援行动，必须拟订火灾事故救援应急预案，并定期组织应急救援能力的培训和演练，使员工了解和掌握在发生火灾时的应急措施和扑救初起火灾的方法，提高员工在事故应急救援过程中实际作战能力。

一、生产装置火灾扑救

(1) 及时报警。报警时，除装有自动报警系统的单位会自动报警外，还可使用手动报警系统、电话报警、直接派人去较近的消防队报警、大声呼喊等。总之，要因地制宜，采用各种方法迅速将发生火灾的情况告诉消防部门和本单位人员。即使在场人员认为有能力将火扑灭，仍应向消防部门报警。

(2) 抢救伤员。如果有人员受伤，必须首先抢救伤员，将受伤人员撤离事故现场，并进行必要的紧急处置，如进行止血、人工呼吸等。根据人员伤亡情况组织救人小组实施救人行动，利用直流水枪或喷雾水枪掩护救人行动，搜索被困人员，重点搜索压缩机房、仪器仪表室、生产控制室、油泵房里面或支撑装置的水泥构筑物的下面等。火势已经封锁救人途径时，要集中水枪，采取强行进攻、重点突破的方法抢救伤员和被困人员。

(3) 冷却防爆。冷却保护是扑救生产装置火灾过程中消除着火设备、受火势威胁设备发生爆炸危险最有效的措施，应重点冷却被火焰直接作用的压力设备和临近火势威胁的设备，把控制爆炸作为火灾扑救的主要方面。

(4) 采用工艺灭火措施。工艺灭火措施主要有关阀断料、开阀导流、火炬放空、搅拌灭火等措施。工艺灭火措施是不可替代的科学、有效的处置生产装置火灾的技术手段。

(5) 阻止火势蔓延。对于物料泄漏流淌的生产装置火灾现场，应尽早组织人员用沙袋或水泥袋筑堤堵截或导流，或在适当地点挖坑以容纳导流的易燃可燃液体物料，防止燃烧液体向高温高压装置区蔓延，严防形成大面积流淌火或物料流入地沟、下水道引起大范围爆炸。对高大的塔、釜、炉等设备流淌火，应布置“立体型”冷却，组织内歼外截的强攻，必要时可注入惰性气体灭火。

扑救生产装置火灾应注意下列问题：

(1) 不可盲目灭火。若易燃可燃液体、气体只泄漏未着火时，则应在做好防护和出水掩护、防止打出火花的情况下，先实施堵漏，后处理已泄漏的物料。如果易燃可燃液体、气体泄漏燃烧后，在无止漏把握的情况下，只能对着火和邻近的储罐、设备、管道实施冷却保护，切不可盲目灭火，否则更会发生爆炸、复燃、人员窒息、中毒等事故，造成更大的损失。

（2）不可盲目进攻。进入封闭的生产车间，要先在适当位置用直流或开花射流喷射，破坏轰燃条件后再实施进攻，不要盲目实施灭火，进入灭火一线的人员要精干，且要选好撤退的路线或隐蔽的位置，无关人员不准进入。

（3）充分发挥固定消防设施的功能。在安装有稳高压消防水系统、固定泡沫系统等固定消防设施的场所，一定要发挥好固定水炮、泡沫炮的作用。同时，应从高压消火栓（水和泡沫）接出移动炮，对固定水炮达不到的地方进行冷却或扑救。高压消火栓压力高，消防队员抱枪困难，最好不要从高压消火栓上直接使用出水枪和泡沫枪，防止伤人。

（4）防止复燃复爆。生产装置火灾应重视防止复燃复爆发生，对已经扑灭明火的装置必须继续进行冷却，直至达到安全温度。流淌火扑灭后，要注意冷却水对泡沫覆盖层的破坏，要根据情况及时复喷泡沫覆盖。对于被泡沫覆盖的可燃液体应尽快予以收集，防止复燃。要适时检测，严防溢流出的易燃液体挥发形成爆炸空间，避免无意中发生爆炸而造成无谓的伤亡事故发生。

（5）重视防护。进入着火区域的人员应穿防火隔热服，保持皮肤不外露，防止灼伤。进入有毒区域的人员，应根据毒物特点确定防护等级，适情佩戴空（氧）气呼吸器等安全防护器具，防止中毒。在冷却和灭火时要注意后方保护，充分利用好地形地物，防止爆炸造成人员伤亡。生产装置火灾扑救过程中，要自始至终监视火场情况的变化（包括风向、风力变化，火势，有无爆炸、沸喷的前兆出现等情况）。当火场出现爆炸、倒塌等征兆时，应采取紧急避险措施。

（6）防止造成环境污染。灭火时，应加强对火场灭火形成的流淌水的管理，阻止流淌水未经处理直接流入雨水排水系统，造成环境污染。

二、气体或液化石油气泄漏火灾扑救

气体或液化气泄漏后遇着火源形成稳定燃烧时，其发生爆炸或再次爆炸的危险性与可燃气体或液化气泄漏未燃时相比要小得多。根据气体或液化气体火灾的特点，应采取如下扑救方法。

（1）控制火势蔓延，积极抢救人员。首先扑灭外围被火源引燃的可燃物火势，切断火势蔓延的途径，控制燃烧范围，并积极抢救受伤和被困人员。如果附近有受到火焰辐射热威胁的压力容器，能疏散的应尽量在水枪的掩护下疏散到安全地带。

（2）关阀断气，创造有利的灭火条件。如果是输气管道泄漏着火，应设法找到气源阀门。阀门完好时，只要关闭气体的进出阀门，火势就会自动熄灭。在特殊情况下，只要判断阀门尚有效，可先扑灭火势，再关闭阀门。一旦发现关闭已无效，一时又无法堵漏时，应迅即点燃，恢复稳定燃烧。

（3）冷却降温，防止物理爆炸。开启固定水喷淋装置，出水冷却燃烧罐和与其相邻的储罐，对于火焰直接烧烤的罐壁表面和邻近罐壁的受热面，要加大冷却强度；必须保证充足的水源，充分发挥固定水喷淋系统的冷却保护作用。冷却要均匀，不要留下空白，避免物理爆炸事故发生。

（4）灭火堵漏，消除危险源。要抓住战机，适时实行强攻灭火。对准泄漏口处火焰根部合理使用交叉射水分隔、密集水流交叉射水，或对准火点喷射干粉、二氧化碳或卤代烷，扑灭火焰。气体或液化气储罐或管道阀门处泄漏着火，且储罐或管道泄漏关阀无效时，应根据火势判断气体压力和泄漏口的大小及其形状，准备好相应的堵漏器材（如塞楔、堵漏气垫、黏合剂、卡箍工具等）。堵漏工作准备就绪后，即可实施灭火，同时需用水冷却烧烫的罐或管壁。火扑灭后，应立即用堵漏材料堵漏，同时用雾状水稀释和驱散泄漏出来的气体或液化气。如果确认泄漏口非常大，根本无法堵漏，只需冷却着火容器及其周围容器和可燃物品，控制着火范围，直到燃气燃尽，火势自动熄灭。

（5）实施现场监控，防止爆炸和复燃。现场扑救人员应注意各种爆炸危险征兆，遇有火势熄灭后较长时间未能恢复稳定燃烧，或受热辐射的容器有下列情况：燃烧的火焰由红变白、光芒耀眼，燃烧处发出刺耳的呼啸声，罐体抖动，排气处、泄漏处喷气猛烈等，此时，火场指挥员要敏锐地觉察这些储罐爆炸前的征兆，做出爆炸判断，及时下达撤退命令，避免造成大的人员伤亡事故。

三、易燃液体泄漏火灾扑救

液体不管是否着火，如果发生泄漏或溢出，都将顺着地面（或水面）漂散流淌，而且易燃液体还有密度和水溶性等涉及能否用水和普通泡沫扑救的问题，以及危险性很大的沸溢和喷溅问题。

（1）切断火势蔓延途径，控制燃烧范围。首先应切断火势蔓延的途径，冷却和疏散受火势威胁的压力及密闭容器和可燃物，控制燃烧范围，并积极抢救受伤和被困人员。实施关阀断料，停止油品从工艺系统中溢出。对泄漏液体流淌火灾，应筑堤（或用围栏）拦截漂散流淌的易燃液体或挖沟导流；封闭工艺流槽，并用填沙土的方法封闭污水井。对受热辐射强烈影响区域的装置、设备和框架结构加以冷却保护，防止其受热变形或倒塌；开阀将着火或受威胁装置、设备和管道中的油品导流至安全储罐。在有爆炸危险蒸气扩散的区域内，停止用火设备的工作，消除其他可能的引火源。

（2）根据火情，采取针对性的灭火方法。

1）易燃液体储罐泄漏着火，在切断蔓延把火势限制在一定范围内的同时，应迅速准备好堵漏工具，然后先用泡沫、干粉、二氧化碳或雾状水等扑灭地上的流淌火焰，为堵漏扫清障碍，然后再扑灭泄漏口的火焰，并迅速采取堵漏措施。

2）对大面积地面流淌性火灾，采取围堵防流、分片消灭的灭火方法；对大量的地面重质油品火灾，可视情况采取挖沟导流的方法，将油品导入安全的指定地点，利用干粉或泡沫一举扑灭。对暗沟流淌火，可先将其堵截住，然后向暗沟内喷射高倍泡沫，或采取封闭窒息等方法灭火。

3）对于固定灭火装置完好的燃烧罐（池），启动灭火装置实施灭火。对固定灭火装置被破坏的燃烧罐（池），可利用泡沫管枪、移动泡沫炮、泡沫钩管进攻，或利用高喷车、举高消防车喷射泡沫等方法灭火。

4）对于在油罐的裂口、呼吸阀、量油口或管道等处形成的火炬型燃烧，可用覆盖物如浸湿的棉被、石棉被、毛毯等覆盖火焰窒息灭火，也可用直流水冲击灭火或喷射干粉灭火。

5）对于原油和重油等具有沸溢和喷溅危险的液体火灾，如果有条件，可采取排放罐底存积水防止发生沸溢和喷溅的措施。在灭火同时必须注意观察火场情况变化，及时发现沸溢、喷溅征兆，应迅速做出正确判断，及时撤退人员，避免造成伤亡和损失。

6）对于水溶性的液体如醇类、酮类等火灾，用抗溶性泡沫扑救。用干粉或卤代烷扑救时，灭火效果要视燃烧面积大小和燃烧条件而定，也需用水冷却罐壁。

（3）充分冷却，防止复燃。燃烧罐的火势被扑灭后，要继续保持对罐壁的冷却，直至使油品温度降到其燃点以下为止，并保持油液面的泡沫覆盖。对于地面液体流淌火，在火势被扑灭后，液面仍需维持泡沫的覆盖，直到采取现场清理。

四、电气线路和设备火灾扑救

带电电气线路或设备起火后，电力线路燃烧易形成一条快速蔓延的火龙，并发出强烈耀眼的弧光。油浸电力变压器或油开关由于在高温或电弧作用下发生爆炸还会引起绝缘油外溢或飞溅，会使火势在瞬间蔓延扩大。此外火场存在扑救人员有触电的危险性。

1. 断电灭火方法

当扑救人员的身体或所使用的消防器材接触或接近带电部位，或在冷却和灭火中直流水柱、喷射出的泡沫等射至带电部位，电流通过水或泡沫导入扑救人员身体，或电线断落对地短路在跑泄电流地区形成跨步电压时，容易发生触电事故。为了防止在扑救火灾过程中发生触电事故，首先禁止无关人员进入着火现场，特别是对于有电线落地已形成了跨步电压或接触电压的场所，一定要划分出危险区域，并有明显的标志和专人看管，以防误入而伤人。同时，要与生产调度、电工技术人员合作，在允许断电时要尽快设法切断电源，为扑救火灾创造安全的环境。断电方法有以下几种：

（1）利用变电所、配电室内电源主开关切断整个生产装置区、车间、库房的电源。应先断开自动空气开关或油断路器等主开关，然后拉开隔离开关，以免产生电弧，导致发生危险。

（2）利用建筑物内电源闸刀开关切断电源。在生产装置、车间发生火灾时，如果生产条件允许切断电源时，可利用绝缘操作杆、干燥的木棍，或者戴上干燥的绝缘手套进行关断。

（3）利用动力设备的电源控制开关切断各个电动机的电源。在其停止运转后，再用总开关切断配电盘的总电源，以防止产生强烈电弧，烧坏设备和烧伤进行操作的人员。

（4）利用变电所和户外杆式变电台上的变压器高压侧的跌落式熔断器切断电源。变压器发生火灾需要切断电源时，可用绝缘杆捅跌落式熔断器的鸭嘴，使熔线管跌落而切断电源。

（5）采取剪断线路办法切断电源。对电压在 250 V 以下的线路或 380/220 V 的三相四线制线路时，可穿戴绝缘靴和绝缘手套，用断电剪将电线剪断。剪断的位置应在电源方向的支持物附近，以防止导线被剪断后掉落在地上而造成接地短路；需剪断非同相电线或一根相线一根零线的绝缘导线时，应在不同部位分两次剪断。当扭缠的单相两根导线和两芯、三芯、四芯的护套线需剪断时，也应在不同部位分次剪断，不得使用断电剪同时在同一部位一次剪断两根和两根以上的线芯。否则，极易造成短路和人身触电事故。

2. 带电灭火方法

当电气线路或设备发生火灾后，因火场情况紧急，或生产的连续性需要，或其他原因而无法切断电源的情况下，常需实施带电灭火。带电灭火必须在防止触电的前提下，实施有效的扑救措施。

(1) 用灭火器实施带电灭火。对于初期带电设备或线路火灾，应使用二氧化碳或干粉灭火器具进行扑救。扑救时应根据着火电气线路或设备的电压，确定扑救最小安全距离，在确保人体、灭火器的筒体、喷嘴与带电体之间距离不小于最小安全距离的要求下，操作人员应尽量从上风方向施放灭火剂实施灭火。

(2) 用固定灭火系统实施带电灭火。生产装置区、库区、装卸区和变、配电所等部位的蒸汽、二氧化碳、干粉固定灭火装置，以及雾状水等固定或半固定的灭火装置，可以直接用于带电灭火。当上述部位发生带电火灾时，应及时启动灭火装置，可取得良好的灭火效果。

(3) 用水实施带电灭火。因水能导电，用直流水柱近距离直接扑救带电的电气设备火灾，扑救人员会有触电伤亡危险，只有在通过水流导致人体的电流低于 1 mA 时，才能保障灭火人员的安全。

用水实施带电灭火时，为了既可用水实施带电灭火，又能确保人员的安全，可采取如下安全措施：

1) 水枪射手必须穿戴绝缘胶靴、绝缘手套，必要时应穿均压服。

2) 在金属水枪的喷嘴上安装接地线。接地线可用截面为

5～10 mm^2，长 20～30 m 的铜绞线；接地棒可用长 1 m 以上，直径 50 mm 钢管或 50 mm×50 mm 的角钢钉入地下 0.5 m，接地棒处倒入盐水或普通水，或利用附近的避雷针引下线、自来水铁管、金属暖气管、电线杆拉线等作为接地装置；将接地线两端分别与水枪喷嘴和接地棒牢固连接即可。

3）使用铜网格作接地板。铜网格用粗铜线编制而成，面积为 0.6 m×0.6 m，将接地线与金属水枪喷嘴和铜网格接地板连接，根据电压高低选好距离，水枪射手在接地板上站好后，方可射水扑救火灾。

4）采用喷雾水流带电灭火。当喷雾水枪的喷嘴距离 127 kV 带电体 1.5 m，并在 7×10^5 Pa 水压下利用喷雾水进行带电灭火时，没有漏泄电流现象。故用喷雾水流进行带电灭火时，只要根据电压高低选好距离（最好超过 3 m），水枪可以不用接地线，直接带电灭火。

5）采用充实水柱实施带电灭火。在运用充实水柱带电灭火时，水枪喷嘴与带电体的距离应根据带电体电压高低，保持在相应最小安全距离以外，最好使用小口径水枪，采取点射射水灭火，或使水流向斜上方喷射，使水断续地呈抛物线形状落于火点而将火焰消灭。

带电灭火时的注意事项：

（1）水枪喷嘴与带电体之间要保持安全距离。

（2）使用直流水枪灭火时，如发现放电声或放电火花、有电击感时，应采取卧姿射水，将水带与水枪的接合部金属触地，以防触电伤人。

(3) 对架空带电线路进行灭火时，要求灭火人员至带电体的水平距离应大于带电体距地面的垂直高度，以防导线断落等危及灭火人员的安全。如果电线已断落，应划出 8～10 m 警戒区，禁止人员入内。

(4) 在带电灭火过程中，没有穿戴防电用具的人员，不准许接近燃烧区，以防地面积水导电伤人。火灾扑灭后，如果设备仍有电压时，要求所有人员均不得接近带电设备和积水地区，以防止发生触电造成人员伤亡。

五、管道系统火灾扑救

生产管道同生产设备一样是生产装置中不可缺少的组成部分，起着把不同工艺功能的设备连接在一起的作用，以完成特定的工艺过程，在某些情况下，管道本身也同设备一样能完成某些化工过程，即“管道化生产”。生产管道布置纵横交错，管道种类繁多，被输送介质的理化性质多样，管道系统接点多，火灾爆炸事故发生率高。管道发生火灾爆炸事故，容易沿着管道系统扩展蔓延，使事故迅速扩大。

(1) 可燃液体管道火灾扑救。液体物料管道因腐蚀穿孔、垫片损坏、管线破裂等引起泄漏，被引燃后，着火物料在管内液压的作用下向四周喷射，对邻近设备和建筑物有很大威胁。

扑救这类火灾，应首先关闭输液泵、阀门，切断向着火管道输送的物料。然后采取挖坑筑堤的方法，限制着火液体物料流窜，防止蔓延。单根输液管线发生火灾，用直流水枪、泡沫、干粉等灭火，也可用沙土等掩埋扑灭。在同一地方铺设多根管线时，如其中一根破裂漏出可燃液体形成火灾时，火焰及其辐射热会使其他管线失去机械强度，并因管内液体或气体膨胀发生破裂，漏出物料，导致火势扩大。因此，要加强着火管道及其邻近管道的冷却。对空间管道流淌火，因其易形成立体或大面积燃烧，可从管道的一端注入蒸气吹扫，或注入泡沫，或注入水进行灭火。若油管裂口处形成火炬式稳定燃烧，应用交叉水流，先在火焰下方喷射，然后逐渐上移，将火焰割断灭火。若输油管线附近有灭火蒸汽接管，也可采用蒸汽灭火。

（2）可燃气体管道火灾扑救。气体管道发生火灾时，不要急于灭火，应以防止蔓延和防止发生二次灾害为重点。应在落实关闭进气阀门或堵漏措施后，才可灭火。阀门受火势直接威胁，无法关闭时，首先应冷却阀门，在保证阀门完好的情况下，再行灭火。同时，应掌握时机，选择火焰由高变低、声音由大变小，即压力降低的有利条件下灭火，灭火后迅速关闭阀门，并使用蒸汽或喷雾水稀释和驱散余气。气体火灾，可选择水、干粉、蒸汽等灭火剂。灭火后对容器、管道要继续射水，以便驱散周围可燃余气。如扑救有毒的可燃气体火灾，消防人员必须佩戴防毒面具。

(3) 气流输送、通风、空调、除尘管道火灾扑救。工厂着火后，火苗有可能很快窜入气流输送、通风、空调、除尘管道，并沿其蔓延扩大，必须截击阻止，消除余火，防止流窜。

1) 火苗吸入物料输送风道。立即停止生产设备操作，关闭输送风机和风道阀门，将火焰控制在风道的局部范围，制止延烧。打开输送风道的旁通漏斗，设法将着火物料引出，就地彻底扑灭。着火物料难以取出的，应根据发烟浓度、管壁温度，判明大致燃烧范围，破拆风道，强行清理，或用水枪深入风道灌注灭火。

2) 火苗窜入吸尘管道。在生产过程中产生的火花或火苗，通过设在生产设备上的除尘装置吸入地沟、地面除尘管道时，应立即停止局部区域的吸尘风机工作，关闭局部除尘管道的阀门，尽量将火苗控制在局部区域内。查明火点位置，将着火物料粉尘通过旁通管引出清除，并就地扑灭。设有火星自动探除器的，要启动火星探除器，及时导出火星，并消灭余火。难以清除着火物粉尘时，要破拆吸尘管道，清除着火物粉尘，防止火苗窜入邻近吸尘管道和除尘室，导致燃烧范围扩大。

3) 火苗窜入空调管道。及时关闭局部空调设备和防火阀门，控制燃烧范围。先破拆空调管道的保温层，通过烟雾浓度、管道温度、管道颜色变化，确定火点位置，在起火点两端，分别用金属切割设备拆开空调管道。用水枪消灭管道内火焰，同时冷却降低空调管道温度。火点扑灭后，要清理出燃烧过的棉絮。燃烧范围大、火点多时，要多点同时破拆，逐点消灭，不留死角。

(4) 下水道、管沟火灾扑救。工厂企业生产往往要消耗大量工业用水，需排放或送往净化处理的污水量很大，污水中经常混杂有易燃易爆或有毒的物质；装置或设备若发生泄漏，可燃蒸气易在下水道、管沟等低洼地方聚集，遇到明火即会发生爆炸或燃烧。污水管网一般遍及全企业区，一旦着火，易蔓延成灾。扑救下水道、管沟火灾的方法为：用湿棉被、沙土、堵塞气垫、水枪等卡住下水道、管沟两头，防止火势向外蔓延。若是暗沟，可分段堵截，然后向暗沟喷射高倍数泡沫或采取封闭窒息等方法灭火。火势较大时，应冷却保护邻近的物资和设施，用泡沫或二氧化碳灭火。若油料流入江河，则应于水面进行拦截，把火焰压制到岸边安全地点后用泡沫灭火。

六、危险化学品火灾扑救

(1) 设置警戒线。危险化学品事故现场情况复杂，必须实施警戒，并及时疏散危险区域内的人员。根据仪器检测结果和现场气象情况，确定警戒区域，划定警戒范围。要在适当地方设置明显的警戒线。

(2) 选择适当的处置方法，防止盲目施救。危险化学品种类繁多，目前常见的、用途较广的就有 2 200 多种。各种危险化学品有各自的危险特性，处置方法也不同，所以，发生危险化学品运输事故，首先一定要弄清楚运输的危险化学品的名称和危险性，再根据事故现场情况，选择适当的处置方法。因此，事故处置的组织机构中一定要有相关专家或专业技术人员参加，并由他们提出事故涉及的危险化学品的应急处置方法、注意事项和防护要求等。由于危险化学品的种类多，即使有相关专家和技术人员参加救援处置，有时仍然有可能找不到适当的方法，就应向化学品登记中心或相关危险化学品应急技术中心进行咨询，或向“全国中毒控制中心网”进行查询。也可与生产厂家、托运方、使用单位等相关部门取得联系，寻找最适当的处置方法，千万不能盲目施救。没有妥善的处置方法，没有必要的防护设备，不能贸然处置，否则会加重事故的危害后果。

(3) 正确选用灭火剂。在扑救危险化学品火灾时，应正确选用灭火剂，积极采取针对性的灭火措施。大多数易燃、可燃液体火灾都能用泡沫扑救。其中，水溶性的有机溶剂火灾应使用抗溶性泡沫扑救，如醚、醇类火灾。可燃气体火灾可使用二氧化碳、干粉等灭火剂扑救。有毒气体和酸、碱液可使用喷雾、开花射流或设置水幕进行稀释。遇水燃烧物质，如碱金属及碱土金属火灾，遇水反应物质，如乙硫醇、乙酰氯等，应使用干粉、干沙土或水泥粉等覆盖灭火。粉状物品，如硫黄粉、粉状农药等，不能用强水流冲击，可用雾状水扑救，以防发生粉尘爆炸，扩大灾情。

（4）控制和消除引火源。大多数危险化学品都具有易燃易爆性，现场处置中若遇引火源，发生燃烧爆炸，对现场人员、周围群众、设施都会造成严重危害，也给事故处置增加难度。如果处置的危险化学品是易燃易爆物品，现场和周围一定范围内要杜绝火源，所有电气设备都应关掉，进入警戒区的消防车辆必须带阻火器。现场上空的电线断电，固定电话、手机等通信工具也要关闭，防止打出电火花引燃引爆可燃气体、可燃液体的蒸汽或可燃粉尘。堵漏或现场操作中应使用无火花处置工具。

（5）清理和洗消现场。危险化学品火灾扑灭后，要对事故现场进行彻底清理，防止因某些危险化学品没有清理干净而导致复燃。并对火灾现场及参与火灾扑救的人员、装备等实施全面洗消。对现场进行再次检测，确保现场残留毒物达到安全标准后，解除警戒。

在处置危险化学品事故时，应注意以下几个问题：

（1）救援人员注意自身安全。进入危险区域的消防人员个人防护要充分，穿着防化服。遵守毒区行动规则，不得随意解除防护装备，不得随意坐下或躺下，不得在毒区进食和饮水等。扑救无机毒品中的氰化物、硫、砷和硒的化合物及大部分有机毒品，应尽可能站在上风方向，并佩戴防毒面具。

（2）注意环境保护。在处置泄漏的化学物料时，能回收的要尽量回收，不能回收的要防止泄漏物料流入河道。若已流入河道，要采取相应措施进行消毒，并对污染河道进行连续监测，多点位、多层面的监测，既要做定性检测，又要做定量检测。同时要通报沿河群众不要取用河水，通知下游城市有关部门，密切关注污染水流情况。对受污染的土壤使用机械挖掘清除，并在安全地带采取焚烧或其他物理、化学方法进行安全处置。对于稀释过程产生的大量污染水，也应尽可能收集到一处，集中处理。

七、人体着火扑救

人身着火多数是由于工作场所发生火灾、爆炸事故或扑救火灾引起的。也有因用汽油、苯、酒精、丙醇等易燃油品和溶剂擦洗机械或衣物，遇到明火或静电火花而引起的。当人身着火时应采取如下措施：

（1）若衣服着火又不能及时扑灭，则应迅速脱掉衣服，防止烧坏皮肤。若来不及或无法脱掉应就地打滚，用身体压灭火种。切记不可跑动，否则风助火势会造成严重后果。就地用水灭火效果会更好。

（2）如果人身溅上油类而着火，其燃烧速度很快。人体的裸露部分，如手、脸和颈部最容易烧伤。此时疼痛难忍，神经紧张，会本能地以跑动逃脱。在场的人应立即制止其跑动，将其搂倒，用石棉布、棉衣、棉被等物覆盖，用水浸湿后覆盖效果更好。用灭火器扑救时，不要对着脸部。

八、火灾发生后安全疏散

1. 及时迅速报告火警

发生火灾不要惊慌失措，要保持镇静，火警电话号码119要记清。火灾报警时应注意以下几个方面：

(1) 火警电话打通后，应讲清楚着火单位，所在区县、街道、门牌或乡村的详细地址。

(2) 要讲清什么东西着火，起火部位，燃烧物质和燃烧情况，火势怎样。

(3) 报警人要讲清自己姓名、工作单位和电话号码。

(4) 报警后要派专人在街道路口等候消防车到来，指引消防车去火场的道路，以便迅速、准确到达起火地点。

2. 火灾现场安全疏散

当火灾突然发生，一定要强制自己保持头脑冷静，根据周围环境和各种自然条件，选择恰当的安全疏散和自救方式。能否安全疏散，自救方式是否恰当，直接关系到生死命运。

(1) 保持安全疏散秩序。在疏散过程中，始终应把疏散秩序和安全作为重点，尤其要防止发生拥挤、践踏、摔伤等事故。如看见前面的人倒下去，应立即扶起；发现拥挤应给予疏导或选择其他的辅助疏散方法给予分流，减轻单一疏散通道的压力。实在无法分流时，应采取强硬手段坚决制止。同时要告诫和阻止逆向人流的出现，保持疏散通道畅通。制止逃生中乱跑乱窜、大喊大叫的行为。因为这种行为不但会消耗大量体力，吸入更多的烟气，还会妨碍别人的正常疏散和诱导混乱。尤其是前呼后拥的混乱状态出现时，决不能贸然加入，这是逃生过程中的大忌，也是扩大伤亡的缘由。

（2）应遵循的疏散顺序。就多层场所而言，疏散应以先着火层，后以上各层、再下层的顺序进行，以安全疏散到地面为主要目标。优先安排受火势威胁最严重及最危险区域内的人员疏散。此时若贻误时机，则极易产生惨重的伤亡后果。建筑物火灾中，一般是着火楼层内的人员遭受烟火危害的程度最重，要忍受高温和浓烟的伤害。如疏散不及时，极易发生跳楼、中毒、昏迷、窒息等现象和症状。因此当疏散通道狭窄或单一时，应首先救助和疏散着火层的人员。着火层以上各层是烟火蔓延将很快波及的区域，也应作为疏散重点尽快疏散。相对来说，下面各层较为安全，不仅疏散路径短，火势殃及的速度也慢，能够容许留有一段安全疏散时间。分轻重缓急按楼层疏散，可大大减轻安全疏散通道压力，避免人流密度过大、路线交叉等原因所致的堵塞、践踏等恶果，保持通道畅通。

（3）防火门、防火卷帘等设施控制火势，启用通风和排烟系统降低烟雾浓度，阻止烟火侵入疏散通道，及时关闭各种防火分隔设施等措施，都可为安全疏散创造有利条件，使疏散行动进行得更为顺利、安全。

（4）疏散中原则上禁止使用普通电梯。普通电梯由于缝隙多，极易受到烟火的侵袭，而且电梯竖井又是烟火蔓延的主要通道，所以采用普通电梯作为疏散工具是极不安全和危险的，曾有中途停电、窜入烟火和成为火势蔓延通道的多起悲剧案例。因而发生火灾时，原则上应首先关闭普通电梯。

（5）不要滞留在没有消防设施的场所。逃生困难时，可将防烟楼梯间、前室、阳台等作为临时避难场所。千万不可滞留于走廊、普通楼梯间等烟火极易波及又没有消防设施的部位。

（6）逃生中注意自我保护。学会逃生中的自我保护的基本方法，是保证自我逃生安全的重要组成部分。如在逃生中因中毒、撞伤等原因对身体造成伤害，不但贻误逃生行动，还会遗留后患甚至危及生命。

火场上烟气具有较高的温度，但安全通道的上方烟气浓度大于下部，贴近地面处浓度最低。所以疏散时穿过烟气弥漫区域时要以低姿行进为好，例如弯腰行走、蹲姿行走、爬姿等。采用上述这些姿势逃离时，动作速度不宜过猛过快，否则会增大烟气的吸入量，因视线不清发生碰壁、跌倒等事故。

（7）注意观察安全疏散标志。在烟气弥漫能见度极差的环境中逃生疏散时，应低姿细心搜寻安全疏散指示标志和安全门的闪光标志，按其指引的方向稳妥进行，切忌只顾低头乱跑或盲目随从别人。

（8）脱下着火衣服。如果身上衣服着火，应迅速将衣服脱下，或就地翻滚，将火压灭。如附近有浅水池、池塘等，可迅速跳入水中。如果身体已被烧伤时，应注意不要跳入污水中，以防感染。

习题

1. 施工现场常见的事故伤害有哪些?
2. 施工现场发生事故后的急救步骤是什么?
3. 施工现场常备的急救物品有哪些?
4. 发生触电事故后如何急救?
5. 发生高处坠落事故后如何急救?
6. 发生中暑后如何急救?
7. 如何扑救电气线路和设备火灾?
8. 火灾发生后如何安全疏散?